DATE DUE

JUN 1 1 2006	
AUG 0 3 2006	
FEB 0 8 2007	
JUL 1 1 2007	
APR 1 2 2008	
JUL 0 7 2009	
MAY 1 7 2010	

GAYLORD   PRINTED IN U.S.A.

El libro de los porqués

Lo que siempre quisiste saber sobre el planeta Tierra

ONIRO

Título original: *How Come? Planet Earth*
Publicado en inglés por Workman Publishing Company, New York

Traducción de Joan Carles Guix

Diseño de cubierta: Valerio Viano

Distribución exclusiva:
Ediciones Paidós Ibérica, S.A.
Mariano Cubí 92 – 08021 Barcelona – España
Editorial Paidós, S.A.I.C.F.
Defensa 599 – 1065 Buenos Aires – Argentina
Editorial Paidós Mexicana, S.A.
Rubén Darío 118, col. Moderna – 03510 México D.F. – México

© 2000 exclusivo de todas las ediciones en lengua española:
Ediciones Oniro, S.A.
Muntaner 261, 3.º 2.ª – 08021 Barcelona – España (e-mail:oniro@ncsa.es)

ISBN: 84-95456-28-1
Depósito legal: B-3.588-2001

Impreso en Hurope, S.L.
Lima, 3 bis – 08030 Barcelona

Impreso en España – *Printed in Spain*

A mis padres, Ronald y Kathleen Wollard, por haberme inculcado el gozo del aprendizaje durante toda su vida. Con mucho amor.
Kathy Wollard

A mi maravillosa mamá, a mi querido Alex y a mi buena amiga —y as de la ciencia favorita— Kathy.
Debra Solomon

Agradecimientos

MUCHAS GRACIAS A: Margot Herrera, mi incansable y meticulosa editora; Peter Workman, la diseñadora Erica Heitman, Suzanne Rafer, Kylie Foxx y a todo el equipo de Workman que contribuyó a hacer realidad mi segundo y precioso libro; Tony Marro y Bob Keane de *Newsday's*, por su fe inquebrantable; Reg Gale y Marcie Kemen, editores de la sección «Health and Discovery» en *Newsday's*, por sus incisivos comentarios y su estímulo continuado; Janis Donnaud, mi docta (y fiera) agente literaria; Evan Morris, mi esposo (también conocido como The Word Detective), por su cariñoso apoyo; y Debby Solomon, cuya extraordinaria sensibilidad y humor han hecho de este libro una aventura interminable.

Kathy Wollard

Índice

El cuerpo humano 157

¿De qué te asombras?

Todas las preguntas que contiene este libro las formularon niños de todo el mundo —Brooklyn (Nueva York), Madrás (India), Melbourne (Australia), Brasil, Tailandia, Jamaica, Omán, entre un larguísimo etcétera— por correo o e-mail, a la columna «How Come?» del periódico. A menudo, las cartas de los más pequeños incluían dibujos coloreados con las siete tonalidades del arco iris, mientras que los escolares un poco mayores optaron por escribirlas con una cuidada caligrafía o con un procesador de textos. Todas ellas contribuyeron a crear el libro que tienes en tus manos.

La columna «How Come?» se empezó a publicar en 1987 en *Newsday's*, el excelente y ecléctico periódico de Long Island, Nueva York, y poco a poco fue ampliando su área de distribución, a través de Los Angeles Times Syndicate, hasta que la columna consiguió llegar a todo el globo. En 1993, salió al mercado el primer libro de preguntas y respuestas, *How Come?*, a partir del cual se ha confeccionado este manual.

How Come? cubre todo el espectro de cuestiones científicas, desde «¿Por qué es azul el cielo?» hasta «¿Por qué las burbujas son redondas?» y «¿Por qué centellean las estrellas». *El libro de los porqués* observa con atención nuestro pequeño mundo azul, con sus volcanes en erupción, sus icebergs en continuo movimiento y sus arcos iris arqueados; explora la increíble variedad de la vida animal, desde las vacas rumiando en los prados hasta las anguilas eléctricas chisporroteando en el río Amazonas; y examina el maravilloso cuerpo humano, desde los dedos arrugados después del baño y los estornudos a 160 km/h hasta el lagrimeo de los ojos al picar cebollas, pasando por las causas de la fiebre o el origen de los ronquidos.

Disfruta del viaje y no dudes en enviarnos tus preguntas, por correo o e-mail. Las utilizaremos en una próxima columna o libro. Éstas son nuestras señas:

How Come?
P.P. Box 4564
Grand Central Station
Nueva York, NY 10163

howcome@word-detective.com

¡Ardo en deseos de saber qué es lo que te asombra!

Kathy Wollard

LA TURBULENTA TIERRA

Nuestro planeta surgió de la oscuridad. Recién nacida, la Tierra era una roca, y poco a poco fue creciendo y adquiriendo su forma esférica gracias a una lluvia ininterrumpida de residuos espaciales procedentes del primitivo sistema solar hace más de 4.000 millones de años.

Hoy en día, es un mundo blanco-azulado, blanco por el vapor de agua que flota en la atmósfera, y azul por las aguas marinas. Mientras la Tierra gira como un endiablado tiovivo a 1.600 km/h, los volcanes escupen ríos de roca candente de sus entrañas; las placas de hielo de icebergs del tamaño de un edificio se rompen y se precipitan en los océanos; inmensas cuencas excavadas por los glaciares se llenan con el agua de la lluvia; emergen islas desde el fondo del mar; y sobre todo ello, una galaxia de nubes de forma cambiante envía millones de relámpagos a la tierra.

¿Por qué son oscuras las nubes de tormenta y tienen un aspecto tan amenazador? ¿Por qué se forma el rocío en la hierba de la mañana? ¿Por qué son azules las cumbres montañosas y por qué es rojo y violeta el cielo en el ocaso? Realiza un viaje alrededor del planeta en el que vivimos y descúbrelo.

¿Cómo mantiene la Tierra su velocidad de rotación? ¿Por qué no se desacelera?

¿Has oído hablar alguna vez de una obra de Broadway titulada *Stop the World, I Want to Get Off!* (¡Paren el mundo! ¡Quiero bajarme!)? Mientras a más de uno le encantaría apearse del torbellino de la vida y tomarse un respiro, la Tierra sigue dando vueltas, girando día y noche sin cesar.

¿A qué velocidad nos desplazamos en nuestro emocionante periplo planetario? Un gran tiovivo de madera da vueltas a unos 20 km/h; entretanto, la Tierra gira alegremente a 1.600 km/h en el ecuador. ¿Alguien quiere una pastilla contra el mareo?

Lo cierto es que nadie tuvo que darle un empujón a nuestro planeta para que empezara a girar como una peonza. La Tierra y sus hermanos planetarios nacieron de una nube de gas y polvo que evolucionaba en el espacio como la centrífuga de una secadora. En consecuencia, los planetas llegaron al mundo girando vertiginosamente. (Durante los primeros años del sistema solar, cuando la zona que rodeaba el sol parecía un *demolition derby*, es decir, una carrera de coches en la que el objetivo consiste en dejar fuera de combate a los demás participantes, la velocidad y la dirección de rotación de los jóvenes planetas también dependía de las colisiones.)

Aunque la Tierra nació dando vueltas, su velocidad nunca era constante. Al fin y al cabo, no disponía de equipo de navegación. Al principio, la Tierra era un planeta asombrosamente pequeño y veloz que giraba a unos 6.400 km/h —el día duraba seis horas—. Pero, con los siglos, la rotación se ralentizó.

¿Cómo ocurrió? Una de las causas principales de la desaceleración es el ascenso y el descenso de los inmensos océanos. Las mareas oceánicas influyen en un planeta como los frenos en un automóvil. Dado que las mareas son el resultado del impulso gravitatorio de la luna, podríamos decir que la rotación terrestre se ralentiza, en gran parte, a causa del gran tamaño de nuestro satélite.

Los científicos afirman que la Tierra se desacelera entre 1 y 3 milisegundos al día cada siglo (un milisegundo es una milésima de segundo), de tal manera que cada cien años, poco más o menos, el día se acorta entre 30 segundos y 2 minutos. Así, dentro de cuatro mil años, el proceso de desaceleración habrá añadido una hora al día terrestre.

Pero además de las mareas desencadenadas por la luna, existen otros hechos que influyen en la rotación de un planeta. Por ejemplo, según los científicos, la contención de una gran canti-

dad de agua potable en gigantescas presas ha contribuido a ralentizar la rotación terrestre en varios milisegundos.

Las corrientes oceánicas y los sistemas climáticos también afectan a la velocidad de rotación. Un típico huracán

Un gran tiovivo de madera da vueltas a unos 20 km/h; entretanto, la Tierra gira a 1.600 km/h en el ecuador.

desacelera ligeramente el planeta durante un corto período de tiempo, dilatando la duración del día en 2 microsegundos (dos millonésimas de segundo). El Niño, la corriente cálida del océano

El efecto bañera

Tierra/bañera — mar en calma — fuerte marejada — ¡cuidado con los tsunami!

Pacífico que causa estragos en la climatología terrestre, también desacelera el planeta. En opinión unánime de los científicos de la NASA, El Niño, en su fase más aguda, ocasiona la prolongación del día en 0,6 milisegundos. (Véase p. 53; El Niño.)

Como si se tratara de una novela de ciencia ficción, el International Earth Rotation Service (IERS) controla las fluctuaciones de la velocidad de la Tierra, y es este organismo el que decide si hay que añadir o no un segundo adicional al Tiempo Universal Coordinado que rige en el mundo para mantener los relojes sincronizados con la veleidosa e inconstante Tierra.

¿Cómo se formó la Tierra y qué aspecto tenía en sus orígenes?

Ha Nacido una ESTRELLA...

y luego algunos planetas

En algún lugar
de la Vía Láctea

Nubes de gas y polvo
se atraen y comprimen...

Vista desde el espacio, la Tierra tiene un aire familiar y hogareño: océanos azules, montañas grises con la cima cubierta de nieve, desiertos de arena, áreas verdes. Pero hubo un tiempo en que la Tierra era muy joven. Aquel planeta bebé era tan diferente del planeta adulto como la Tierra lo es de Marte en la actualidad.

Hace alrededor de 4.600 millones de años, cuando el universo tenía una edad aproximada de 10.000 millones de años, nacieron nuestro sol y los planetas de nuestra galaxia. El sol es una de las cien mil millones de estrellas de la Vía Láctea, y se formó, junto a otras estrellas, a partir de una nube de gas y polvo. Las estrellas recién nacidas están rodeadas de residuos —también gas y polvo— que orbitan a su alrededor formando un disco plano. Las partículas colisionan entre sí y dan lugar a otras partículas más grandes, como los copos de nieve que se aglutinan durante una ventisca. Tuvieron que transcu-

rrir cien mil años para que aquellos diminutos granos crecieran y se transformaran en cuerpos rocosos del tamaño de asteroides en la región interior de nuestro sistema solar.

La misma Tierra empezó siendo una roca que fue creciendo poco a poco gracias a la lluvia de residuos espaciales, cuyo tamaño oscilaba entre un granito de arena y una montaña, que se precipitaba sobre su superficie. (Al principio, cada día caían a nuestro planeta más de 60 millones de toneladas de material.) Fue así como la Tierra creció, hasta adquirir su tamaño actual, durante unos 70 millones de años.

Los continuos impactos fundían la superficie rocosa y todo el planeta estaba cubierto de un mar de lava líquida, coronada por un fino estrato de roca oscura y más fría, como la capa de verdín en los estanques. Las grietas revela-

ban el brillo abrasador del subsuelo y el polvo arrojado a la atmósfera convertía los días en tenebrosas noches.

Con el paso de millones de años, los impactos disminuyeron. ¿Por qué? Pues porque había una menor cantidad de objetos revoloteando por el sistema solar que no habían sido engullidos por los planetas. Entonces, la superficie terrestre empezó a enfriarse, dando lugar a una auténtica corteza.

Los volcanes expulsaron dióxido de carbono y vapor a la atmósfera, que hasta entonces había sido de hidrógeno en su casi totalidad. La superficie enfriada y repleta de cráteres pronto se cubrió de agua al condensarse el vapor y precipitarse en forma de gotas de lluvia. Por su parte, los cometas helados del sistema solar exterior añadieron más agua al estrellarse contra la Tierra.

La Tierra bebé era tan diferente del planeta adulto como lo es hoy de Marte.

Hace alrededor de 4.400 millones de años, el planeta estaba totalmente cubierto por un océano de aguas cálidas, acribillado por una incesante lluvia, y 4.200 millones de años atrás, empezó a emerger la tierra firme, sobre todo el borde de los cráteres, aflorando por doquier sobre la superficie del agua.

La luna, que acababa de formarse, estaba más cerca de la Tierra que en la actualidad; de ahí que las mareas fuesen extremadamente impetuosas, mientras que los asteroides que se precipitaban en el océano creaban olas monstruosas que desmoronaban la tierra, sumergiéndola de nuevo bajo el agua.

Una buena parte del dióxido de carbono presente en el aire se disolvió en el océano y los días eran cada vez más luminosos. Por fin, el océano empezó a evaporarse, dejando al descubierto una mayor extensión de tierra rocosa y agrietada.

Hace 3.400 millones de años, enormes masas terrestres dividieron las aguas. Las primeras plantas aparecieron hace 3 millones de años, añadiendo oxígeno a la mezcla del aire. (Véase p. 20; función clorofílica de las plantas.) Pero aún tendrían que transcurrir otros mil millones de años para que el oxígeno alcanzara su nivel actual del 21 %. Al alterar la atmósfera y hacerla respirable, las plantas crearon las condiciones para la multiplicación de la vida animal, hace alrededor de 700 millones de años. Gracias a las plantas, ahora estás leyendo este libro. Lo demás, como suele decirse, es historia.

10 millones de años más tarde, después de mucho aglutinarse, colisionar, comprimirse y atraerse...

¡los nietos!

¿Pesa el aire?

¿ESTÁ SOMETIDO A UNA GRAN   PRESIÓN?

EN Venus

EN Marte

EN la Tierra

A menos que sople el viento, no notamos el aire, aunque lo cierto es que miles de millones de moléculas de gas colisionan constantemente con nuestro cuerpo. Una molécula de nitrógeno típica, por ejemplo, se desplaza a una velocidad de 1.650 km/h a temperatura ambiente. Estas partículas gaseosas energéticas permanecen en la Tierra gracias a la fuerza de gravedad; de lo contrario, se escaparían al espacio. (Algunas lo hacen, sobre todo las más ligeras, atravesando los estratos más elevados de la atmósfera.)

Más del 77 % del aire terrestre se compone de moléculas de nitrógeno; otro 21 % está formado de moléculas de oxígeno, y el 2 % restante, de gases diversos. Otros planetas tienen sus propias fórmulas gaseosas especiales que los envuelven como un manto.

Los científicos pesan el aire midiendo la presión que ejerce sobre la Tierra. En cualquier punto de la superficie planetaria, el aire presiona cada centímetro cuadrado de materia con una fuerza de aproximadamente un kilo.

Sin embargo, cuanto más asciendes, más ligero es el aire. A 5.500 m de altitud, el aire sólo presiona con una fuerza de medio kilo. (No obstante, eso también significa que estás respirando la mitad de moléculas de aire de lo normal, lo que provoca mareos, debilidad, falta de aliento y náuseas, síntomas inconfundibles del mal de las alturas.)

La vida en la Tierra evolucionó a la perfección en la superficie o en sus inmediaciones, donde el peso del aire era el apropiado. Algunos animales y plantas marinos se acostumbraron a soportar presiones mucho más elevadas bajo el peso combinado de la atmósfera y el océano.

Como es natural, el peso atmosférico difiere de un planeta a otro. Mercurio, por ejemplo, posee una atmósfera muy tenue compuesta de sodio en estado gaseoso.

En cambio, la de nuestro vecino Venus es otra historia totalmente diferente. En efecto, este planeta está envuelto por una espesísima capa de dióxido de carbono. Pasear por una llanura venusina sería algo así como intentar caminar por el fondo de una piscina. Echa una moneda en la atmósfera de Venus y descenderá lentamente hasta el suelo, como si estuviese cayendo a través de un líquido. El peso del aire sería literalmente aplastante —más de 90 kg/cm^2 sobre nuestro cuerpo—. La atmósfera de Júpiter, un mundo gaseoso del sistema solar exterior, ejerce una fuerza aproximada de 100 kg/cm^2.

En cualquier punto de la superficie planetaria, el aire presiona cada centímetro cuadrado de materia con una fuerza de un kilo.

Por el contrario, el aire marciano, que también está formado principalmente de moléculas de dióxido de carbono, es muy liviano. Si estuviéramos en la herrumbrosa superficie de Marte, la atmósfera ejercería una presión de sólo 0,07 kg en cada centímetro cuadrado de nuestro cuerpo.

¿Por qué los árboles y las plantas absorben dióxido de carbono y nosotros absorbemos oxígeno?

Mientras estás leyendo este libro, las plantas están liberando oxígeno en todo el mundo (los árboles de las calles, las algas del estanque del parque, los diminutos cactus de las macetas que adornan la ventana, etc.). En tierra firme, el proceso es invisible; no podemos ver el oxígeno emanando de las plantas, como tampoco podemos distinguirlo en el aire que respiramos, pero bajo el agua, es fácil observar las burbujas de oxígeno saliendo de las hojas de las plantas y flotando hasta la superficie. Gracias a las plantas, más de $\frac{1}{5}$ del aire de la Tierra es oxígeno; ideal para el ser humano y los animales.

Los científicos empezaron a creer que las plantas eran las responsables del aporte de oxígeno en el siglo XVII, preguntándose acerca de su procedencia. El aire que nos rodea, decían, debía de estar perdiendo oxígeno. No en vano, miles de fuegos y hogueras ardían día y noche en todo el planeta, consumiendo el oxígeno, y miles de millones de animales, incluyendo los seres humanos, respiraban oxígeno y expulsaban dióxido de carbono. ¿Por qué no se acumula en el aire el dióxido de carbono? Y ¿por qué no se agota el oxígeno?

Algunos estudiosos descubrieron que cuando una vela se apagaba después de haber consumido todo el oxígeno de un pequeño espacio cerrado, se podía volver a encender colocando una planta verde en el interior de ese espacio y aguardando unos minutos. Era evidente que las plantas verdes expulsaban oxígeno. Pero ¿cómo y... por qué?

Veámoslo. Las plantas verdes utilizan energía solar para fabricar su propio alimento, el azúcar, además de absorber agua del subsuelo y dióxido de carbono del aire. El oxígeno se libera mientras las plantas «cocinan» sus alimentos, lo que podríamos comparar con el aroma embriagador que emana de una tahona.

El color verde es una parte importante del proceso de fabricación de los componentes nutritivos de una planta. El verde de las hojas es debido al pigmento de la clorofila. ¿Te acuerdas del agua que absorben las plantas del subsuelo? Cada molécula de agua consta de dos átomos de hidrógeno y uno de oxígeno. En las hojas, la clorofila utiliza la energía del sol para dividir las moléculas del agua, separando el hidrógeno y el oxígeno.

Algunos átomos se reaglutinan, volviendo a formar agua y liberando más energía que usa la planta para formar un compuesto llamado TFA (trifosfato de adenosina). El TFA absorbe carbono

Las plantas son muy golosas; de ahí que la atmósfera de la Tierra sea tan rica en oxígeno.

de los átomos de dióxido de carbono, e hidrógeno del agua dividida molecularmente, sintetizando azúcar... ¡el alimen-

TÍPICA FAMILIA FOTOSINTÉTICA

¡Me importa un rábano que el niño contenga la respiración! ¡Se acabó el dióxido de carbono por hoy!

to de las plantas! (Cada año, en todo el planeta, las plantas sintetizan 150.000 millones de toneladas métricas de azúcar.)

Entretanto, el oxígeno procedente de la división molecular del agua se libera en el aire. De ahí que la atmósfera terrestre conserve su riqueza en oxígeno. ¡Demos gracias a las plantas por ser tan golosas! Este proceso se denomina «fotosíntesis», cuya etimología procede de dos términos griegos que significan «unir mediante la luz».

¿LO SABÍAS?

El cuerpo de los animales de «sangre fría», como las serpientes, los peces, los lagartos y los insectos, siempre está a la temperatura ambiente, pudiendo alcanzar valores elevadísimos en el desierto bajo la insolación solar.

La fotosíntesis de las plantas, que aporta oxígeno al aire, y la respiración de los animales, que aporta dióxido de carbono, tienden a equilibrarse. No obstante, a partir del siglo XIX los niveles de dióxido de carbono se han incrementado lentamente. Dado que este compuesto absorbe el calor del sol, una cantidad excesiva del mismo crea el llamado «efecto invernadero», que atrapa el calor y eleva la temperatura media de la Tierra. Cualquier elevación térmica, por pequeña que sea, puede provocar sequías, ampliar desiertos y reducir nuestro suministro alimenticio.

Sería magnífico que los automóviles y las fábricas no quemaran tanta gasolina y tanto carbón, el origen del dióxido de carbono. También es importante poner fin a la deforestación de las selvas ecuatoriales, pues constituyen el mayor almacén planetario de plantas verdes, las encargadas de eliminar el exceso de dióxido de carbono del aire y de suministrarnos oxígeno fresco para respirar.

¿Por qué entran en erupción los volcanes?

Asociación de defensa de los **V**olcanes

Me entristece lo de Pompeya. Tantos frescos y mosaicos hechos trizas.

Si hubiese contado hasta diez...

Hiciste lo que debías.

Podían haberla construido en otra parte...

¡Como el monte Santa Elena!

¿**A**lguna vez te has enfurecido de verdad, gritando como un loco, y luego te has tranquilizado? Es así como se libera la presión, al igual que las teteras hirviendo liberan el vapor al abrir una espita. Pues bien, los planetas y los satélites dejan escapar el vapor a través de los volcanes, sus espitas.

Piensa en un horno encendido. Cuando los gases se condensan en su interior, se dilatan, intentando escapar. Para aliviar la presión, se utilizan las típicas chimeneas que podemos ver en casi todos los edificios: sus espitas o válvulas de escape.

Los volcanes son las chimeneas naturales de la Tierra por donde los gases salen al exterior. Pero muchas veces, por estas chimeneas también se expulsa roca fundida y fragmentos de roca sólida.

Así es como se inicia el proceso. La tierra y los océanos someten a grandes presiones a las rocas de las profundidades subterráneas. Además, a mayor profundidad, más calor. (En el núcleo de nuestro planeta la temperatura alcanza los 2.200 ºC.) Bajo semejante presión y temperatura, la roca se funde.

La roca líquida del subsuelo se denomina magma y tiende a ascender a través de grietas en la roca sólida, debido a su menor densidad. Cuando el magma sale a la superficie, recibe el nombre de lava, y su temperatura es de unos 930 ºC.

¿Cómo se forman los volcanes? Imaginemos que la corteza terrestre es la tapa de una lata de refresco con gas y que el precinto de apertura es una zona débil de la superficie. Al agitarse su contenido, el dióxido de carbono se expande y presiona en la fina laminilla metálica de apertura hasta abrir un orificio. Del mismo modo, los gases y el magma calientes pueden practicar un orificio en un área débil de la corteza de la Tierra y ser expulsados al exterior.

Cuando pensamos en los volcanes,

Cenizas ardientes, clima frío

Tras la erupción de un gran volcán, el ocaso puede presentar un rojo intenso durante varios meses en toda la Tierra, uno de los principales efectos vulcanológicos en la atmósfera. Las cenizas ascienden, flotan en el aire y se extienden por todo el globo, dispersando la luz solar y tiñendo las puestas de sol de colores más vivos.

Pero la influencia de los volcanes en la atmósfera de un planeta puede ir más allá de los preciosos atardeceres. Veamos lo que sucedió en Siberia hace cientos de millones de años. Aún hoy se pueden visitar las «trampas siberianas», una masa de roca volcánica sólida que se extiende a lo largo de 1.400 km. Los científicos que la han analizado dicen que su antigüedad es de unos 250 millones de años. Antes de enfriarse, la roca era lava fluida e incandescente, y a juzgar por su cantidad (llegaría desde Barcelona hasta Amsterdam, en Holanda), los volcanes que la arrojaron debieron de ser monstruosos.

Los expertos creen que los volcanes siberianos erupcionaron sin cesar durante seiscientos mil años, expulsando, además de roca fundida incandescente, toneladas de cenizas y gases letales a la atmósfera terrestre. De los minerales fundidos emanaban sulfatos, que enseguida nos viene a la mente una montaña cónica vomitando lava y vapor por el cráter. Es posible que los volcanes que han arrojado lava durante miles de años hayan adoptado la forma de gigantescos y agudos conos, como el Fujiyama en Japón, cuya cumbre está cubierta por nieves perpetuas. Pero también hay volcanes que parecen tapas de cacerola, como los de Hawai.

El gas que emana de un volcán sue-le estar formado principalmente de agua y dióxido de carbono, como el gas de los refrescos, además de pequeñas cantidades de nitrógeno, cloro, argón y azufre.

Aunque parezca mentira, la mayoría de los volcanes de la Tierra son submarinos. Cuando una pequeña corriente de magma caliente asciende por las grietas del fondo oceánico y entra en contacto con las frías aguas del mar puede formar finos estratos alrededor

al calentarse se transformaban en dióxido de sulfuro.

Las cenizas y los gases lanzados por los colosos siberianos alcanzaron las capas superiores de la atmósfera. Las cenizas bloquearon una parte de la luz del sol, y el dióxido de sulfuro se combinó con el agua presente en el aire, transformándose en ácido sulfúrico ardiente. Las gotitas de ácido reflejaron una parte de los rayos solares, enviándolos de nuevo al espacio y enfriando aún más el aire.

Poco a poco, las temperaturas descendieron en todo el planeta. Al helarse el agua de los océanos, los casquetes polares crecieron desmesuradamente. Por fin, una gran parte de la Tierra quedó cubierta por una gruesa capa de hielo.

Los volcanes habían desencadenado una nueva era glacial. Entretanto, la lluvia y la nieve ácidas acribillaban la tierra.

Paralelamente a esta singular catástrofe, desapareció más del 90 % de la fauna y la flora marinas, dejando sólo sus fósiles. Son muchos los científicos que culpan de esta extinción en masa, que se prolongó durante miles de años, a aquellas erupciones volcánicas y a la reacción en cadena que provocaron. (Véase p. 154; otra hipótesis sobre las causas de dicha catástrofe.)

de la chimenea, brillantes como el cristal. Si la corriente es más abundante, es expulsada a una considerable distancia de la chimenea, se solidifica y forma «cojines» de lava de roca sólida.

Las chimeneas suelen abrirse en los bordes de las plataformas continentales, las colosales piezas de rompecabezas de la corteza terrestre, aunque también pueden aparecer sobre los puntos calientes de la corteza. Los volcanes cupulares de Hawai están situados sobre uno de esos puntos.

Los volcanes son espitas naturales; las chimeneas de la Tierra.

En la Tierra existen más de quinientos volcanes en actividad y muchos más extinguidos. Pero nuestro planeta no es el único lugar del sistema solar en el que hay volcanes. Los demás planetas y satélites rocosos

¿LO SABÍAS?

La corriente de lava más grande de la historia se formó en Islandia en 1793. El cráter por la que fue expulsada se hallaba a 30 km de distancia, recorriendo 60 km desde un extremo de la chimenea y 50 km desde el extremo opuesto. De haber podido reunirla, hubiese llenado un depósito de 3 km³.

también presentan innumerables chimeneas en la superficie. Marte posee el volcán de mayor tamaño, el Monte Olimpo, cuya altura triplica la del monte Everest, aunque Io, uno de los satélites más grandes de Júpiter, alberga uno de los más activos. Los científicos han podido observar numerosas columnas de humo elevándose desde su superficie.

¿Por qué no se han producido más glaciaciones?

Aunque resulte difícil de creer, sobre todo en un asfixiante día de verano, las glaciaciones se han sucedido ininterrumpidamente en la Tierra. Por suerte, nos ha tocado vivir en un período situado entre dos eras glaciales. ¿Cuándo tendrá lugar la siguiente? Desde luego, no antes de otros veinte mil años, poco más o menos. (¡Qué alivio!)

Por el momento, la mayor parte del planeta disfruta de un clima templado, con temperaturas moderadamente frías o cálidas. En las zonas templadas, donde la temperatura es cálida durante una buena parte del año, se pueden cultivar hortalizas y cereales en primavera y verano, y algunas plantas florecen desde principios de primavera hasta el otoño.

Pero no siempre ha sido así. A principios del siglo XIX, los científicos descubrieron que, miles de años atrás, los glaciares, enormes masas de hielo en movimiento, habían frecuentado parajes muy alejados del hielo y del frío, y no tardaron en averiguar que la temperatura media descendía y que los glaciares avanzaban desde el Ártico y la Antártida con una relativa regularidad. Considerando que en el pasado la velocidad de rotación de la Tierra era mucho más acelerada, es fácil imaginar el hielo extendiéndose hacia el ecuador y, luego, retrocediendo de nuevo hacia los polos en ciclos de decenas o de cientos de miles de años.

En el apogeo de la última glaciación, el 30 % de la tierra firme del planeta quedó cubierto de hielo, a diferencia del 10 % actual.

Pensemos en la última gran glaciación. A medida que el clima se iba enfriando, se formaron inmensas placas de hielo cerca del Ártico y de la Antártida, y empezaron a desplazarse en dirección al ecuador. En América del Norte, una de estas masas heladas envolvió lentamente lo que hoy es Canadá y la región septentrional de Estados Unidos, extendiéndose hasta San Luis, en el estado de Missouri. El Reino Unido quedó materialmente bloqueado por el hielo. Las formidables placas avanzaron y retrocedieron varias veces durante decenas de miles de años.

Mientras tanto, al descender las temperaturas, los glaciares que ya existían en algunas cordilleras montañosas de todo el mundo, tales como el Himalaya, los Andes, las Rocosas y los Alpes, aumentaron de tamaño. En el apogeo de la última glaciación, el 30 % de la tierra firme del planeta quedó cubierto de hielo, a diferencia del 10 % actual. Hace alrededor de diez mil años, las masas de hielo se fundieron o emprendieron la retirada hacia los polos (Alaska, etc.).

El peso del hielo —¡en algunos lugares alcanza 4.000 m de espesor!— era tan extraordinario que la corteza terrestre acabó cediendo. Ahora que el hielo ha desaparecido, determinadas zonas de la corteza, como en Canadá, continúan elevándose poco a poco, sin haber alcanzado aún sus antiguos niveles orográficos, algo similar a lo que ocurre con la masa del pan, que se expande de nuevo tras haber sido comprimida.

Todo este hielo procedía en su mayor parte de los océanos y, a medida que iba robándoles agua, el nivel marino llegó a descender unos 200 metros, es decir, la altura de un rascacielos de sesenta plantas, dejando al descubierto grandes extensiones de tierra que antes estaban sumergidas. Así, por ejemplo, se podía viajar desde Inglaterra hasta Francia, a través del canal de La Mancha, y desde Asia hasta la actual Alaska, en América del Norte, cruzando el estrecho de Bering, sin mojarse los pies.

¿Cuál es la causa de las idas y venidas de las eras glaciales? Los científicos creen que se deben a la combinación de dos factores. Por un lado, la variación de la órbita de la Tierra alrededor del sol, que con el tiempo deja de ser circular para hacerse más elíptica, además de la ligera alteración en la inclinación del plano orbital. Esto se traduce, al cabo de miles de años, en una modificación de la cantidad de energía solar que llega hasta nuestro planeta. Y por otro, el desplazamiento continental. Siguiendo ciclos regulares, las placas continentales se unen y se separan sucesivamente, alterando la dirección de las corrientes oceánicas, elevando temporalmente el nivel de la tierra firme y cambiando el clima y las temperaturas.

Las glaciaciones siempre han obligado a los seres humanos y a los animales a migrar en busca del sustento. Pongamos por ejemplo el sur de Francia, con su Costa Azul, también conocida como la Riviera francesa. La Costa Azul es famosa en todo el mundo por sus soleadas playas. Pues bien, durante una de las glaciaciones, apareció una nueva especie zoológica en aquella región, los renos, dando un nuevo significado a «pasar el invierno en la Riviera».

¿LO SABÍAS?

Si de repente se fundiera el hielo que cubre la Antártida y Groenlandia, el nivel de los océanos de todo el mundo ascendería unos 65 m, lo suficiente para sumergir un rascacielos de veinte plantas.

Si cavásamos en la Tierra, ¿acabaríamos en el espacio?

Observando un globo terráqueo en miniatura, que se puede hacer girar con un solo dedo, cualquiera podría imaginar la posibilidad de excavar una galería en la tierra, como una vulgar taltuza, saliendo por el otro extremo y flotando en el espacio.

Por desgracia, practicar un túnel a través de nuestro planeta es algo que resulta imposible. Hasta la fecha, el hombre ha conseguido profundizar hasta unos 8 km. ¿Qué ocurre? Cuanto más se desciende, mayor es la presión. De manera que incluso una taltuza de acero acabaría aplastada si pretendiera excavar más y más.

Pero si fuese posible, he aquí lo que encontraría durante el proceso de excavación y al asomar al otro lado.

Recordemos primero algunas distancias. El diámetro de la Tierra es de casi 13.000 km y atraviesa en su recorrido diferentes tipos de terreno (tierra, roca y metal).

Podrías empezar a cavar en el jardín de tu casa. Después de un estrato de tierra, llegarías al de roca, es decir, la corteza terrestre propiamente dicha, compuesta en su mayor parte de granito, visible en algunos lugares, como por ejemplo el Gran Cañón. La corteza se extiende hasta una profundidad de 25 a 50 km debajo de los continentes (América del Norte, Europa, Asia, etc.), pero debajo de los océanos, está formada principalmente por rocas basálticas y sólo llega hasta unos 5 km bajo el fondo oceánico.

Si siguieras excavando, llegarías a un estrato más grueso, de unos 3.000 km de espesor, llamado manto. El manto se compone tanto de roca sólida como fundida, sometida a una extraordinaria presión.

Por último, si lograras atravesar el manto, llegarías al núcleo terrestre, que se extiende a lo largo de otros 3.000 km. Es terriblemente caliente (2.000-4.000 °C), hasta el punto que una parte del mismo es líquida, de metales fundidos, básicamente hierro.

Rodeado por todo el planeta, el núcleo está sometido a presiones extremas. Dado que está formado de materia muy densa, supercomprimida, los científicos opinan que consiste en una bola de hierro sólido debajo de metal líquido. Aun cuando la temperatura es espantosa, la extraordinaria presión mantiene tan estrechamente unidas las moléculas de hierro que es incapaz de fundirse.

Si pudieras perforar el centro sólido de la Tierra, volverías a atravesar los mismos estratos (núcleo líquido, manto, corteza y tierra o arena) que encontraste en el otro lado del planeta, y tras superar estos últimos metros de tierra que recubren la corteza, saldrías a la superficie, en el jardín o el sótano de cualquier habitante de las antípodas.

Desde luego, no estarías cabeza abajo. Vayas donde vayas en la superficie de la Tierra, siempre estás igual, con el cielo arriba y el suelo abajo. Aunque eso sí, después de tan increíble viaje subterráneo, el aturdimiento y la suciedad no te los quitaría nadie.

Es probable que el centro de la Tierra sea una bola de hierro sólido.

Si tuvieras muy mala suerte, podrías emerger en una autopista en la hora punta o en el fondo de un océano, adivinando la luz del día varios kilómetros de agua más arriba. En realidad, teniendo en cuenta que los océanos cubren más del 70 % del planeta, lo más probable es que fueses a parar allí.

Pero donde nunca aparecerías es

Superexcavación

¿No está en la otra dirección el «espacio exterior»?

en el espacio exterior. Por desgracia, la única forma de llegar hasta él es despegando de la superficie de la Tierra con la suficiente velocidad para vencer la fuerza de la gravedad, o sea, a unos 40.000 km/h, que es lo que se conoce como «velocidad de escape».

El diámetro de la Tierra tiene una longitud de casi 13.000 kilómetros.

¿Cómo se forman las arenas movedizas?

Los aficionados a la serie televisiva *Lassie* de los años cincuenta y sesenta, o a cualquier otra aventura infantil de aquella época, tienen un recuerdo espantoso de las arenas movedizas. El personaje en cuestión va andando tranquilamente, pensando en sus cosas —el pequeño Timmy, el caballo Flicka o el perro Rin Tin Tin—, y de repente nota cómo el suelo se hunde bajo sus pies. La reacción es invariable: ¡socorro!, y con la ayuda de una rama o de la fuerza bruta, Gramps, Lassie o el caballo Furia tiran penosamente del desdichado hasta sacarlo de la trampa de arena.

¿En que consisten las arenas movedizas? Muy simple. En arena normal y corriente que se ha transformado en lo que los científicos denominan «movediza». Lo mismo puede ocurrirle a la arcilla, y también hay ciénagas y pantanos movedizos. La «movilidad» es la forma en que el agua que fluye a través de la arena, la arcilla u otro material puede desplazar y separar sus pequeños granitos.

En el caso de la arena, tanto seca como húmeda, sus partículas se aprietan las unas contra las otras, pero cuando se vuelve movediza, un cojín invisible de agua las mantiene ligeramente separadas, y lo que parece una superficie sólida, en realidad es —¡ay, ay, ay...!— líquida, una espesa sopa de agua y arena.

En la mayoría de los casos, la arena ordinaria descansa sobre una masa de agua, como si fuese un manantial burbujeante. El agua intenta empujar hacia arriba, mientras que la arena la empuja hacia abajo. La arena se vuelve

¡Voy...!

¡Vamos, Furia...!

¡Ahora, Rinti!

¡Voy...!

«movediza» cuando la presión del agua es igual o superior al peso de la arena. Dado que cada grano está rodeado de una fina capa de agua, pierde el contacto y la fricción con los demás. Si tiras una piedra en lo que parece ser una sólida capa arenosa, verás que desaparece bajo la superficie, igual que si la hubieses tirado a un lago.

Todos los tipos de arena (gruesa o fina, mezclada con guijarros o no) pueden volverse movedizos, aunque los granos más pesados necesitan un manantial más poderoso para desplazarse, mientras que a los más finos y redondeados les basta cualquier corriente de agua, por muy débil que sea.

Las arenas movedizas están allí donde conviven el agua y la arena: cauces de arroyos, costas marinas, prados y montañas. Un buen lugar para encontrarlas es en los terrenos accidentados, con innumerables grutas de piedra caliza salpicadas de manantiales subterráneos, que impulsan la arena hacia arriba. Ten cuidado cuando vayas de

excursión; las arenas movedizas pueden estar ocultas debajo de un tapiz de hojas o de una costra de barro seco.

No obstante, aunque quedes atrapado en una trampa de arena, es muy probable que vivas para contarlo. No hagas caso de las películas ni de las series de televisión. Las arenas movedizas no succionan más de lo que lo hace un lago. En realidad, se flota más que en el agua. Así pues, a menos que lleves a cuestas una tonelada de equipo de acampada, te mantendrás a flote sin ningún problema. Para salir de ellas, despréndete de cualquier peso (mochila, etc.) y nada tranquilamente hasta tierra firme.

A veces caen objetos pesados en arenas movedizas, con resultados desastrosos. A principios del siglo XIX, un tren de mercancías descarriló al cruzar un puente sobre el río Colorado y se precipitó en un cauce de arroyo «seco» que un reciente desbordamiento había vuelto movedizo. Los empleados del ferrocarril consiguieron recuperar la mayoría de los vagones, pero la locomotora, de 200 toneladas, se hundió sin dejar rastro.

¿LO SABÍAS?

En realidad, las arenas movedizas no son un pozo sin fondo. El «pozo» medio apenas tiene unos centímetros de profundidad.

¿Por qué algunas cadenas de montañas parecen azules cuando están cubiertas de selva verde?

Si contemplas la cumbre de una montaña a distancia, verás que presenta un brumoso color azul. Pero por desgracia, a medida que te vas acercando, pierde esa mágica tonalidad. Y desde el pie, te das cuenta de que no tiene nada, pero nada de azul; simplemente está cubierta de árboles ordinarios. Las Montañas Azules de Australia, los Ghats orientales de la India y las Great Smoky Mountains de Estados Unidos tienen una característica común: son azuladas vistas desde lejos.

¿Por qué? Piensa en una gran ciudad, como Los Ángeles. A distancia, en un día caluroso, puede parecer gris o gris-amarronada. La punta de los rascacielos da la sensación de estar envuelta en un manto gris, al igual que los picos montañosos dan la impresión de estar envueltos en un manto azul. No obstante, si te aproximas, el gris se desvanece, apareciendo el cristal verde o la piedra blanca. ¿A qué se debe este fenómeno visual?

En el caso de Los Ángeles, es probable que sepas la respuesta: el *smog*. Las grandes metrópolis están contaminadas y en los días calurosos el *smog* flota en el aire, dando una coloración grisácea a la sección superior de los edificios. Hay quien cree que el aspecto azulado de los sistemas montañosos está causado por la niebla o el humo (de ahí el nombre de «Great Smokies», que literalmente significa Grandes Ahumadas), aunque en realidad esa tonalidad está más relacionada con la cortina de *smog* de las urbes que con la niebla (o el humo).

A diferencia del *smog*, la niebla es una especie de nube baja compuesta de agua. El agua siempre está presente en el aire, incluso cuando el cielo parece despejado, en forma de vapor invisible. Al formarse una nube, es como si de repente el agua saliera de su escondrijo.

¿Por qué? Cuando el aire está saturado de vapor de agua, se condensa, y las gotitas se acumulan alrededor de las partículas presentes en el aire (polvo, sal, hollín, etc.). Arremolinándose y acumulándose en grandes grupos, las gotas de agua, cada una con alguna que otra partícula en su núcleo, se transforman en una nube visible.

La bruma, al igual que el *smog*, es otra historia. Es habitual en verano,

La bruma azulada de las montañas es una especie de polución natural creada por la vegetación en los días cálidos y sin viento.

cuando el aire es demasiado cálido o contiene demasiado poco vapor de agua para condensarse en gotas y formar nubes. Si el viento está en calma, las partículas aerotransportadas no son absorbidas por el agua, sino que se acumulan en el aire, formando una calima polvorienta. En las grandes ciudades, el aire polucionado y cargado de partículas da lugar a una espesa capa de *smog*.

El *smog* es una forma de contaminación artificial generada por los automóviles, los camiones y las fábricas, mientras que la bruma azulada de las montañas es una especie de polución natural, creada por la vegetación en los días cálidos y sin viento.

Imagina una montaña muy alta y cubierta de pinos, en un día muy caluroso y sin viento. La resina fluye por la corteza y es muy pegajosa. Coge un poco y verás lo difícil que te resulta limpiarte. La resina contiene terpenos, hidrocarburos aromáticos. (Muchas plantas, desde la salvia morada hasta los zapallos y las cidras salvajes, también producen terpenos. La trementina, un diluyente para pintura, es un terpeno, al igual que el perfumado y relajante alcanfor.)

Al elevarse la temperatura, los terpenos de los pinos se evaporan en el aire en forma de minúsculas gotitas oleosas y, flotando en el aire, pueden chocar con el ozono, que desciende desde las capas más altas de la atmósfera en forma de fina pulverización. (El

¿LO SABÍAS?

Los terpenos son los que confieren su aroma a los pinos y abetos de Navidad. La fragancia de la piel de la naranja también se debe a los terpenos.

ozono es una especie de oxígeno con tres moléculas $[O_3]$ en lugar de las dos habituales $[O_2]$.)

Los terpenos y el ozono reaccionan químicamente en el aire, formando una calima, cuyas diminutas partículas adquieren una tonalidad azul bajo la luz solar. Si no sopla el viento, la bruma flota alrededor de las cumbres.

Cuando se observan a distancia algunas montañas, como las Great Smokies, la bruma parece muy espesa, al igual que el *smog* sobre Los Ángeles, pero de cerca, las partículas están tan dispersas que apenas se percibe, y el cromatismo desaparece.

¿Cómo se han formado los desiertos?

Es fácil pensar en el desierto como en un paraje exótico. Las imágenes cinematográficas de los desiertos muestran dunas de arena que se desplazan, hombres ataviados con vaporosas túnicas, cansinos camellos y asombrosos espejismos.

Sin embargo, te sorprendería saber que hoy en día los desiertos son de lo más corriente, pues cubren un tercio de la parte terrestre de la Tierra. La razón principal por la que la mayoría de nosotros abrimos la ventana y contemplamos hierba y árboles, o un lago, o incluso el mar, se debe a que el 96 % de la población del planeta ni siquiera se ha planteado la posibilidad de vivir en el desierto.

Los científicos hablan de dos tipos de desiertos: el familiar «desierto seco», como el Sahara, y el «desierto frío», entre los que se incluye la Antártida y las áreas limítrofes con el polo norte y el polo sur.

Los desiertos secos, que cubren el 18 % de la parte terrestre del globo, son los lugares más calurosos del planeta. Una de las temperaturas más elevadas que jamás se haya registrado en la Tierra, por ejemplo, se tomó un día sofocante de 1922 en el desierto de Libia, en el norte de África, cuando el termómetro alcanzó los 58 °C.

En los desiertos secos las precipitaciones son muy escasas, del orden de 25 l/m^2 al año. Se forman nubes de lluvia e incluso pueden caer algunas gotitas de agua, pero suelen evaporarse antes de llegar al suelo. Pueden pasar meses o años entre dos tormentas propiamente dichas. Entonces es cuando se puede producir una tempestad de

Clarence de Arabia
hablando de los desiertos...

Cuando son cálidos, ¡son CÁLIDOS!

dos están emplazados principalmente en esta franja por el modo en que circula el aire alrededor del planeta. En las regiones desérticas de las líneas costeras, los vientos no suelen adentrarse en tierra firme y, por lo tanto, no llevan nubes ni lluvia, mientras que en las zonas desérticas del interior, los vientos han recorrido un camino tan largo desde la última gran fuente de agua (océano, lago, etc.) que transportan muy poco vapor de agua que pueda condensarse en forma de nubes y lluvia.

Los desiertos fríos disponen de grandes cantidades de agua, aunque está encerrada bajo la superficie, helada en forma de cristales.

una inusual virulencia. Los cauces de arroyo secos se desbordan enseguida con la avalancha de agua, destruyendo pueblos enteros.

Aunque parezca increíble, en los desiertos más cálidos las noches son muy frías. Con ninguna nube que sirva de tapadera, el calor acumulado en la arena y en la tierra durante el día irradia directamente al espacio, y la temperatura puede bajar rápidamente de 50 °C a –4 °C!

Si observas un globo terráqueo, verás que los desiertos secos más cálidos empiezan en las costas orientales de sus continentes, extendiéndose hacia el interior. Estos océanos de arena suelen estar situados entre 20° y 30° de latitud a ambos lados del ecuador.

Los desiertos cáli-

Los desiertos fríos son totalmente diferentes. Cubren una extensión aproximada del 16 % de la parte terrestre del planeta y disponen de grandes cantidades de agua, aunque está encerrada bajo la superficie, helada en forma de cristales. Las bajas temperaturas en los casquetes polares o en sus inmediaciones son las culpables, creando extensiones de terreno de vegetación raquítica y atrofiada y vastas placas de hielo. (En Groenlandia existe una de las regiones más extensas del mundo de desierto frío.)

Muchos de los planetas y satélites de nuestro sistema solar son mundos completamente desérticos. Marte, por ejemplo, es un inmenso desierto frío de arenas rojizas en constante movimiento, valles profundos e imponentes cordilleras. En Marte, el agua está atrapada debajo de una capa subterránea de hielo, conocida como permahielo o gelisuelo. En cambio, Venus es un verdadero infierno desértico de rocas erosionadas en la que la temperatura diurna puede alcanzar los 480 °C.

Teniendo en cuenta las diversas alternativas, podemos considerarnos afortunados de que aquí en la Tierra nuestros desiertos estén rodeados de inmensas zonas verdes y cuencas oceánicas.

Algunos de los desiertos más grandes del mundo

Desierto	Situación	Extensión (km^2)
Sahara	Norte de África	9.065.000
Gobi	Mongolia y nordeste de China	1.295.000
Libia	África	1.165.500
Patagonia	Argentina	673.400
Rub al-Khali	África	647.500
Great Basin	Sudoeste de Estados Unidos	492.100
Chihuahua	México	453.250
Gran Victoria	Sudoeste de Australia	388.500
Great Sandy	Noroeste de Australia	388.500
Kyzyl Kum	Kazakhstán/Uzbekistán	297.850

Fuentes: The New York Public Library Desk Reference y The Cambridge Factfinder

¿Cómo se originan los lagos?

Propicie un ciclo lacustre
cree una valiosa propiedad junto a sus aguas ¡y jubílese!

Una vez el polvo se haya asentado...

... luego váyase, alquile un glaciar y vuelta a empezar...

Alquile un meteorito para excavar un hoyo en el jardín...

Llénelo de agua y construya una...

... zona residencial con césped segado, aguas residuales y mercadillos ambulantes...

Al igual que existen innumerables recetas para hacer tartas, también las hay para hacer lagos. Una zona de terreno ahuecado situada en el emplazamiento correcto se puede llenar con el agua procedente de la fusión del hielo y la nieve, del vertido de los ríos y manantiales, y de la lluvia. ¡Señora, el lago está servido!

Una de las recetas para hacer lagos cuenta con los glaciares como principal ingrediente. A medida que estas masas de hielo se desplazan, excavan cuencas, que también inundan los cursos fluviales.

Otra masa en movimiento, la inestable corteza terrestre, también ha sido la responsable de muchísimas cuencas. Gigantescas placas son empujadas hacia arriba, mientras otras descienden hacia las profundidades, dejando enormes huecos en la tierra. Los volcanes hacen explosión, y cuando el polvo se asienta, quedan cráteres que llenar, como el Crater Lake en Oregón. Los terremotos desencadenan corrimientos de rocas que crean presas naturales en las depresiones orográficas, convirtiéndose en auténticas exclusas.

Los cursos de agua también pueden formar lagos. En efecto, las corrientes marinas pueden arrastrar sedimentos y bloquear la desembocadura de los ríos.

Asimismo, las aguas subterráneas también arrastran guijarros capaces de erosionar el terreno y transformarlo en excelentes cuencas lacustres.

Los vientos fuertes pueden empujar la arena y represar ríos. Los animales, desde los castores hasta el hombre, crean lagos artificiales, y los meteoritos que colisionan con la Tierra pueden dejar cráteres que tarde o temprano acaban llenándose de agua. Uno de ellos es el lago Ungava, en Quebec (Canadá).

Al igual que existen innumerables recetas para hacer tartas, también las hay para hacer lagos.

Aunque cualquiera es capaz de reconocer un lago sólo con verlo, la definición científica es un tanto ambigua. Un lago, dicen los científicos, es una extensa masa de agua que llena un gran hoyo excavado en el terreno, y cuyas aguas se mueven lentamente o permanecen estancadas. Ni siquiera los especialistas se han puesto de acuerdo en si determinadas masas acuosas son lagos o mares. Y ¿cuándo podríamos decir que un estanque se convierte en un lago?

Un lago que desde luego no se parece en nada a un estanque —el más profundo del planeta— es el lago Baikal, en Siberia, una cuenca rodeada de montañas. Si lanzáramos una piedra en la vertical de su punto más profundo, descendería hasta 1.620 m. El lago Baikal se extiende a lo largo de 632 km en la región siberiana y, aunque parezca mentira, un quinto del agua potable de la superficie de nuestro planeta se halla en esa cuenca lacustre, en la que desembocan 336 ríos y arroyos.

Grandes o pequeños, los lagos vienen y se van. Un precioso lago salpicado de botes es posible que algún día sea historia. De hecho, los científicos que estudian los lagos afirman que de todos los accidentes geológicos de la Tierra, los lagos figuran entre los menos longevos.

Un lago puede morir porque las sequías han evaporado sus aguas, o porque los ríos que los alimentan se han secado o se han represado. También pueden desaparecer cuando se llenan de sedimentos y cuando la flora crece desmesuradamente, transformándose poco a poco en una marisma. Algunos lagos de pequeño tamaño creados por los castores apenas duran unos días, hasta que cede la presa leñosa, mientras que otros pueden brillar bajo la luz de la luna durante millones de años.

Por último, no debemos olvidar aquellos lagos que han muerto a causa de la sobrecontaminación. En la extraordinaria historia de los lagos, el ser humano debe cambiar, de una vez por todas, de bando: de la polución al cuidado del medio ambiente.

Si los ríos desembocan en los océanos, ¿por qué éstos no se desbordan?

El gran enigma de los ríos siempre ha confundido al ser humano. «Todos los ríos desembocan en el mar, pero aun así, el mar no está lleno», se puede leer en un pasaje de la Biblia.

Desde el espacio, los ríos parecen grifos abiertos que fluyen incansablemente hacia los océanos. El río Amazonas, de 6.400 km de longitud, vierte sus aguas minuto a minuto en el océano Atlántico, al igual que el río Congo, de 4.800 km. El río Columbia, de 1.920 km, desemboca día y noche en el océano Pacífico, y el Zambeze, de 2.720 km, vierte sus aguas sin cesar en el océano Índico. No obstante, a diferencia de lo que ocurre con una bañera, los océanos no parecen llenarse nunca. Todo un misterio. ¿Qué ocurre con toda esa agua?

Primero, veamos algunos datos relacionados con los ríos. Un río es un curso de agua mucho más grande que un arroyo. Los ríos se alimentan del agua de lluvia y de la nieve fundida, que corre sobre la superficie terrestre como las lágrimas por las mejillas. (De ahí que los científicos los llamen «corrientes».) El agua discurre, pendiente abajo, por las suaves colinas y las altas montañas de la Tierra formando pequeños cursos, que al unirse dan lugar a los ríos. Los ríos se van ensanchando a medida que van encontrando nuevos cursos o afluentes a lo largo de su camino. Algunos ríos, como el Mississippi, son alimentados por otros ríos de menor envergadura y alcanzan unas dimensiones espectaculares. Su sentido de marcha es siempre el mismo: desde los niveles superiores del terreno a los inferiores, dirigiéndose invariablemente hacia el mar.

Los grandes ríos vierten estadios de fútbol llenos de agua en los océanos. Las corrientes más extraordinarias se forman en las regiones del planeta que presentan el índice más elevado de precipitaciones, como las selvas pluviales de los trópicos, con sus famosos monzones torrenciales. Algunos ríos tropicales vierten hasta 20.000 m^3 de agua por segundo. El inmenso río Amazonas desagua en el Atlántico, en el norte de Brasil, una asombrosa quinta parte de todas las corrientes fluviales del mundo.

Para comprender por qué los mares no se desbordan, es una buena idea imaginar un océano como si fuera una fuente en una plaza pública. El agua cae a un receptáculo, pero éste nunca se desborda, ya que vuelve a ser impul-

sada de inmediato hasta lo alto de la fuente, reciclándose continuamente.

Lo mismo sucede con los océanos. El agua de la lluvia se precipita en la tierra y fluye hasta el mar. Pero en su superficie, se escapa ininterrumpidamente hacia la atmósfera —este proceso se denomina «evaporación»—. Mo-

Algunos ríos tropicales vierten 20.000 m^3 por segundo de agua en el océano.

lécula a molécula, el agua se eleva desde el océano, saturando el aire y formando nubes. Las nubes dejan caer el agua en forma de lluvia y nieve, reali-

mentando las corrientes terrestres y retornando al mar.

Eso no significa que la cantidad de agua de las cuencas oceánicas siempre permanezca estable. Las «eras glaciales» periódicas de la Tierra influyen considerablemente en el nivel de los océanos. Cuando los glaciares ocupaban una buena parte de la tierra firme, el nivel de las aguas (nivel del mar) era mucho menor que el actual. ¿Por qué? Pues porque el agua seguía evaporándose de los océanos, formando nubes, pero la lluvia y la nieve que caían sobre los continentes no fluía de regreso hacia el mar, sino que se congelaba enseguida en colosales placas de hielo.

Sin embargo, a medida que fueron transcurriendo los siglos y el hielo se fundió poco a poco, el nivel del mar volvió a subir. De hecho, en los últimos 18.000 años, ha experimentado un ascenso de unos 100 metros.

¿LO SABÍAS?

El río Amazonas vierte más de 12 millones de m³ de agua por minuto.

¿Cómo se forman las islas?

Formación de una isla...

¡Vaya! ¡El primer vecino!

Cuando pensamos en una «isla», enseguida nos vienen a la mente imágenes de palmeras, playas arenosas y vientos cálidos. Pero las islas se forman en todas partes, incluso en el polo norte. Groenlandia, por ejemplo, es la isla más grande de la Tierra, con una superficie de 2.175.600 km^2.

Los científicos definen una isla como una extensión de tierra más pequeña que un continente (como Europa o África) y rodeada de agua. Una isla puede ser un montículo de tierra situado en medio de un lago o un país entero rodeado por el mar, como en el caso de Jamaica o de Japón.

Algunas islas que parecen fragmentos de tierra independientes, forman parte de un continente. Son las llamadas «islas continentales». Nueva Guinea, una isla situada al norte de Australia, es una de ellas.

Veamos cómo funciona todo esto. La corteza de la Tierra constituye una verdadera labor de retazos de placas que flotan sobre un estrato de roca líquida, extremadamente caliente. Al igual que las balsas en el mar, estas placas se deslizan por la superficie de la roca fundida; los continentes cabalgan sobre las placas y las placas están situadas debajo de los océanos.

La isla de Nueva Guinea, que vista en los mapas parece un mundo aparte, en realidad está anclada a la misma placa que su vecino continental, Australia. El agua simplemente las separa. A menudo, las crecidas marinas forman este tipo de islas continentales al inundar valles alrededor de colinas en la línea costera de un continente. *Et voilà!*, una parte del continente se convierte de repente en una «isla del litoral». Gran Bretaña es una isla continental. En Estados Unidos, las islas situadas frente a la costa de Maine eran colinas de la costa antes de que el océano se adentrara en tierra firme.

Además de las islas continentales, existen las «islas oceánicas», que nunca estuvieron unidas a un continente. La mayoría de las islas de la Tierra son oceánicas, es decir, islas en el sentido estricto de la palabra.

Los volcanes submarinos son los artistas que esculpen las islas oceánicas. Entran en erupción y la lava se enfría y se solidifica. Con los años, se va amontonando, hasta que emerge en la superficie del océano. La isla de Hawai, sin ir más lejos, es una auténtica pila de lava de 9.600 m de altitud.

Cuando el viento y la lluvia erosionan las islas volcánicas o vuelven a sumergirse en el océano, a veces los corales, unos diminutos animales marinos, construyen un anillo alrededor de la isla, en aguas poco profundas. Estas «islas coralinas» reciben el nombre de atolón. ¿Cómo crecen las plantas y los árboles en las islas volcánicas? La vegetación se desarrolla cuando las brisas oceánicas, las corrientes marinas o las aves transportan las semillas hasta allí. A decir verdad, las aves y los insectos suelen ser las únicas criaturas vivientes de estas islas hasta que hace su aparición el hombre, con el que llegan huéspedes dañinos tales como las ratas y los ratones.

Continuamente se forman nuevas islas oceánicas. Los expertos incluso han descubierto una isla «bebé» entre las islas Hawai. Si pudieras sumergirte en las turbias profundidades del océano, podrías verla. Se halla a 27 km de Hawai y ha sido bautizada con el nombre de «Loihi». En la actualidad, a ochocientos metros de profundidad, Loihi está ascendiendo lentamente con cada nueva erupción de lava. Cuando por fin salga a la superficie, es indudable que con el tiempo no tardará en echar raíces en ella toda una pléyade de palmeras, hibiscus y complejos hoteleros en primera línea de mar.

Además de estos dos tipos principales de islas, también existen islas-barrera, compuestas de sedimentos (tierra y arena muy finas) que se han deslizado desde la costa hasta el agua; islas flotantes —montículos de tierra y plantas— en los lagos y los ríos; e islas de hielo que flotan en las frías aguas árticas.

¿Cómo se forman los icebergs?

Cuando nace un ternero, los granjeros suelen decir que la vaca madre ha «criado». Pues bien, cuando se forman los icebergs, los científicos también dicen que las enormes placas de hielo (icebergs de mayor tamaño) de las que se han desprendido han «criado».

¿De dónde proceden los icebergs? De los glaciares que cubren la Antártida, en el sur del planeta, y una parte de la isla de Groenlandia y de Ellesmere, en el norte. Así pues, estos colosos de hielo nacen en las inmediaciones del polo norte y del polo sur, y luego avanzan hacia las regiones centrales de la Tierra, hasta llegar a aguas más cálidas.

Los glaciares padres se formaron como resultado de la nieve y de la lluvia helada, desplazándose por la superficie del planeta hasta el litoral. Una vez allí, las placas de hielo flotan en el agua. Los glaciares son unos de los accidentes geográficos permanentes de la Tierra. Avanzan y retroceden dependiendo del clima, pero nunca desaparecen por completo.

El glaciar que cubre la Antártida —la «sábana de hielo»— se extiende a lo largo de unos 13 millones de kilómetros cuadrados y su grosor medio es de 1,6 km. El «casquete de hielo» de Groenlandia es más pequeño, pero aun así, inmenso, cubriendo cuatro quintas partes de la superficie de la isla, que es de 2.175.600 km^2, ¡es decir, 1.740.480 km^2! Gigantesco, ¿no crees?

Los icebergs nacen cerca de los polos y luego avanzan hacia el centro del planeta, hasta llegar a aguas más cálidas.

Con el tiempo, el batir del oleaje contra el hielo, los fuertes vientos y el empuje de las corrientes marinas, se desprenden fragmentos de hielo. (Suele producirse en verano, cuando el agua del mar es más cálida.) Es así como se «crían» los icebergs.

¿Cuál es su tamaño? Los especialistas afirman que el tamaño medio de los icebergs oscila entre una cocina a gas y un edificio de diez pisos. Según sus dimensiones, reciben distintos nombres. Los más pequeños se llaman *growlers* (icebergs lactantes) y los del tamaño de una casa de proporciones relativamente reducidas, *bergy bits* (minitémpanos).

Los fragmentos más grandes que se desprenden de la región ártica no suelen superar los 120 o 150 m de longitud, pero los antárticos pueden ser monstruosos. ¡En una ocasión, se avistó uno de 330 km de longitud y 96 km de anchura! Estos colosos pueden extenderse más de 300 m bajo el agua y alcanzar los 60 m de altura.

La vida de un iceberg es corta comparada con la nuestra, pero larga comparada con Frosty, el Hombre de Hielo. Imagina el nacimiento de un iceberg de una placa de hielo madre en la costa oeste de Groenlandia. Al separarse, se desplaza lentamente hacia el mar abierto, transportada por las corrientes oceánicas y empujada suavemente por el viento. Entre los tres primeros meses y los dos años de su existencia, flota hacia el sur, a través de la bahía de Baffin, un estrecho situado entre Groenlandia y Canadá, donde el sol funde una buena parte del hielo, mientras pequeños fragmentos se precipitan al océano. Si consigue llegar a la costa de Terranova, en Canadá, a unos 1.300 km de distancia, el 90 % del hielo originario puede haber desaparecido, quedando reducido a una nimiedad.

De camino hacia el Gran Banco, situado frente a la costa sur de Terranova, encuentra las cálidas aguas de la corriente del Golfo, donde el hielo superviviente se funde enseguida. En menos de dos días, un iceberg de 100 m de

longitud se puede transformar en una bola de nieve y luego desaparecer. Si además llueve y sopla el viento, el iceberg se funde en un santiamén, como un muñeco de nieve bajo la lluvia en diciembre.

Pero algunos de los icebergs más robustos casi consiguen llegar hasta las soleadas Bermudas. ¡Un viaje realmente asombroso!

De vez en cuando, en alguna parte del Atlántico aparece un iceberg verde a la deriva. Se llaman «icebergs esmeralda» y su coloración se debe a las miles de diminutas plantas oceánicas que se han adherido al hielo. ¿Cómo ocurre? En un caso típico, cuando un iceberg se funde irregularmente, puede darse la vuelta, saliendo a la superficie la parte sumergida, recubierta de agua helada y plancton.

¿LO SABÍAS?

Desde 1704, los barcos y los icebergs han colisionado más de 200 veces.

¿Qué son las corrientes a chorro y cómo se forman?

Aunque no puedas verlas, están ahí, a kilómetros y kilómetros sobre tu cabeza, zumbando como un huracán. Se trata de las corrientes a chorro, y en este preciso momento están rehilando a gran velocidad alrededor del planeta.

Desde la noche de los tiempos, el hombre se ha resguardado de los tornados y ha reforzado puertas y ventanas con listones de madera para protegerse de los huracanes. Pero no tuvimos conocimiento de la existencia de las corrientes a chorro hasta la segunda guerra mundial, en los años cuarenta, mediado el siglo XX. En realidad, las descubrieron los pilotos durante los *raids* de bombardeo. En efecto, a causa de la ferocidad de los vientos, tenían serias dificultades para alcanzar sus objetivos cuando soltaban su carga letal a gran altura. Algunos aviones incluso llegaron a quedarse inmóviles en el aire mientras intentaban volar a través de un muro de viento. Más tarde, los científicos bautizaron estos vientos como «corrientes a chorro». (Un chorro es un flujo de fluido muy poderoso, tanto líquido como gaseoso.)

Al igual que una fuerte corriente marina atravesando las aguas cerca de una playa, las corrientes a chorro son flujos estrechos y veloces que discurren por el aire a una considerable altitud. En una corriente a chorro, el viento suele soplar a una velocidad de 95 a 240 km/h, aunque pueden alcanzar los 500 km/h.

A pesar de que los partes meteorológicos de la televi-

Navegando en una...
Corriente a Chorro
a favor...

¡Llevamos 10 minutos de adelanto!

sión hablan a menudo de «la» corriente a chorro, lo cierto es que hay más de una en las altas capas de la atmósfera. Suelen circular entre 9 y 18 km de altitud. Las dos corrientes a chorro más importantes de la Tierra en ambos hemisferios se desplazan de oeste a este sobre los cálidos subtrópicos y las frías regiones polares, dando vueltas y más vueltas alrededor del planeta, formando senderos y meandros y, en ocasiones, fusionándose en una sola. En verano, un tercer sistema de corriente a chorro circula sobre la India, el sudeste asiático y parte de África, de manera que puede haber hasta un máximo de tres corrientes operando al mismo tiempo en un hemisferio.

¿Qué provoca estas bandas de terribles vientos? Los estudiosos dicen que está relacionado con el calentamiento de la Tierra en su movimiento de rotación alrededor del sol. Cuando el aire caliente del ecuador asciende y choca con el aire frío procedente de los polos, la enorme diferencia de presión genera corrientes de viento de altas velocidades. Del mismo modo que los estratos atmosféricos, las corrientes a chorro establecen los límites entre el frío y el calor, y cuanto mayor es el diferencial térmico, más fuertes son también estos vientos de altura.

Al igual que una fuerte corriente marina circulando cerca de la costa, las corrientes a chorro son flujos estrechos y veloces que discurren por el aire a una considerable altitud

De ahí que sean especialmente fuertes en invierno, cuando los vientos templados del ecuador chocan con los gélidos vientos polares. Las corrientes a chorro son unos ecualiza-

Navegando en una...

Corriente a Chorro en contra...

¡Llevamos 20 minutos de retraso!

Navegando en una...

Corriente a Chorro a la deriva...

¡Ojalá nos hubiésemos quedado en casa!

dores extraordinarios, distribuyendo el calor a partir del ecuador y contribuyendo a que las diferencias climáticas sean menos drásticas.

Los meteorólogos hablan de la corriente a chorro porque su desplazamiento diario y sus cambios de intensidad tienen una gran influencia en el clima, afectando al emplazamiento de las áreas de altas y bajas presiones, así como de las borrascas. Cuando una corriente de este tipo se desvía más al norte o al sur de su posición habitual, la climatología experimenta variaciones inusuales (demasiada humedad, excesiva sequedad, frío fuera de lo común o calor asfixiante).

Algunos años, El Niño, una corriente del océano Pacífico, adquiere unas dimensiones espectaculares. Cuando el agua calienta el aire, la corriente a chorro y las nubes de tormenta se desplazan hacia el norte, provocando implacables lluvias invernales en el oeste de Estados Unidos y en América del Sur.

En otros planetas también existen corrientes a chorro. Las más fuertes se encuentran en Marte. Recientemente, los científicos han descubierto que también las hay en el sol.

Las corrientes solares son verdaderos ríos de gas caliente y a presión que circulan por debajo del estrato superior del astro rey —dado que el sol es una bola de gas, en él todo es atmósfera—, y aunque son minúsculas comparadas con su tamaño, cada una de sus corrientes a chorro es lo bastante ancha como para engullir dos Tierras enteras.

¿Qué origina las distintas formaciones nubosas?

NUBES-PISCOLABIS

¿**H**as visto alguna vez un caballo galopando por el cielo con la cola extendida, o una escalera de oro que se pierde en el infinito? ¿Y un lápiz escribiendo en «tinta» roja-ocaso? Las nubes adoptan formas fantásticas, creadas por el agua, el aire y nuestra desbordante imaginación.

En 1803, un farmacéutico y aficionado a la meteorología, llamado Luke Howard, estableció diversas categorías de nubes atendiendo a su forma. A las más orondas las bautizó con el nombre latino de *cumulus*, que significa «joroba»; a las más planas, dispuestas en capas como si se tratara de sábanas, *stratus* («estrato»); y a las nubes altas, heladas y de diseños arabescos, *cirrus* («zarcillo»). Hoy en día, los meteorólogos, es decir, los científicos que estudian el clima, todavía usan la clasificación de Howard.

La forma y la posición de las nubes cambian constantemente. Piensa en unos cúmulos mullidos y gordinflones, en los que a menudo creemos descubrir formas de animales. Se desarrollan cuando una masa de aire cálido y húmedo asciende hasta encontrar una masa de aire más alta y más fría, en cuyo caso, el vapor de agua, en fase de condensación, se adhiere a las partículas de polvo o de humo y forma gotas visibles: ¡una nube! La humedad ascen-

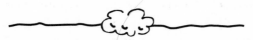

Inmóviles sobre los picos montañosos, las nubes en forma de platillo se han confundido con ovnis.

dente se evapora en la parte superior de la nube, mientras en el fondo crea una especie de inflorescencias redondeadas en forma de coliflor.

El viento hincha los cúmulos, los desplaza de un lado a otro y los agrupa en largas filas en el cielo. Cuando soplan vientos fuertes, la sección superior de los cúmulos se alisa, adoptando la forma de un yunque, o evapora algunas partes de la nube, dejando una línea de pequeñas nubecillas espumosas (cumulonimbos)

A veces, el aire cargado de agua asciende por las laderas montañosas y choca con las ráfagas de viento que pasan por encima de las cumbres, y las irregularidades del flujo de aire generan nubes en forma de platillo, que a menudo se han confundido con ovnis.

En más de una ocasión, en los cumulonimbos altos como rascacielos el aire frío se precipita rápidamente en su interior, formando inmensas bolsas colgantes en la base de la nube, llamadas «mamas». Estas bolsas suelen aparecer antes de un tornado, girando vertiginosamente hasta el suelo. Así pues, un tornado no es más que una formación nubosa.

Las asombrosas formas que adquieren las nubes siempre han sido un terreno abonado para la fértil imaginación humana. Por la noche, unimos las estrellas con líneas imaginarias y creamos imágenes (la Osa Mayor y la Osa Menor, por ejemplo). Con el paso de millones de años, la posición relativa de las estrellas respecto a la Tierra cambia, cambiando asimismo los diseños nocturnos. (Hace un millón de años, la Osa Mayor parecía una lanza rota.)

Pero dado que las nubes cambian en pocos minutos, lo que creemos ver se modifica constantemente. La cabeza de un elefante puede desarrollar un tronco muy largo y delgado, y un caballo se puede transformar en un perro de gigantescas proporciones. En *Hamlet*, de Shakespeare, el protagonista y Polonio hablan de una nube que cambia de forma a cada instante:

Hamlet: ¿Ves esa nube parecida a un camello?

Polonio: Claro que sí, y realmente se parece a un camello.

Hamlet: Aunque creo que se parece más a un barco.

Polonio: Por su forma se diría que lo es.

Hamlet: O a una ballena.

Polonio: En efecto, se parece mucho a una ballena.

A cualquier niño le resultará familiar este diálogo. Es como el que sin duda mantuvo con su hermano o su hermana, tumbados en la hierba y mirando al cielo un día de verano.

¿Por qué son oscuras las nubes de lluvia? ¿Cómo se comportan las nubes después de formarse?

Un horizonte lleno de negras nubes que amenazan tormenta puede ser una visión aterradora, pero las razones por las que las nubes de lluvia tienen este color no tienen nada de terrible.

Veamos primero algunos datos básicos. Vivimos bajo un océano de aire que ejerce una presión de un kilo en cada centímetro cuadrado de nuestro cuerpo. Las nubes se forman al ascender el aire húmedo, y al llegar a las capas altas de la atmósfera se dispersan. (¿Por qué? Pues porque hay menos aire a su alrededor y, en consecuencia, menos presión.)

Cuando la masa de aire se expande, se enfría como una masa de bizcocho extendida sobre un papel antigrás, y al alcanzar la temperatura que los meteorólogos denominan «punto de condensación», el agua —vapor invisible— se condensa en miles de millones de gotitas visibles que se adhieren a las partículas de polvo, suciedad o humo presentes en el aire. Por arte de magia, ¡una nube en el cielo donde antes no estaba!

En las nubes tormentosas, la lluvia se produce cuando las gotas de agua chocan entre sí y adquieren el peso suficiente para precipitarse, o cuando los cristales de hielo en la fría cumbre de la nube se funden en forma de copos de nieve.

Según los científicos, el aspecto gris de este tipo de formaciones nubosas se debe a diversas causas. Las nubes de tormenta son más gruesas que las demás. Algunas se elevan más de 10 km en el cielo, filtrando muy poca luz solar.

La brevedad de la vida de las nubes está determinada por el sol.

En este tipo de nubes, las gotas de agua alcanzan un mayor tamaño que en las nubes blancas o en la niebla y absorben más luz que las pequeñas, que tienden a reflejarla hacia el espacio. De ahí que las nubes con las gotas más grandes parezcan más oscuras que aquéllas cuyas gotas son más pequeñas.

Por último, no todas las nubes oscuras son tempestuosas. Algunas tienen los bordes de un blanco brillante porque el sol las ilumina desde atrás, y la luz atraviesa fácilmente su enorme masa.

Las nubes más viejas también pueden adquirir una tonalidad grisácea o violácea. A medida que una nube «envejece», la mayoría de las gotas de agua más pequeñas se evaporan en la atmósfera, reteniendo únicamente las de mayor envergadura, que como ya sabemos no filtran tanto la luz solar. De ahí que tengan un aspecto más oscuro que las nubes jóvenes, que relucen al sol.

Al igual que todo lo demás en la naturaleza, las nubes se transforman continuamente y con una extraordinaria rapidez, desplazándose empujadas por el viento, perdiendo gotas de agua y condensando otras nuevas al entrar el contacto con las capas más húmedas del aire.

La brevedad de la vida de las nubes está determinada por el sol. Las nubes se mantienen en lo alto a causa de las corrientes de aire cálido que se elevan desde la superficie terrestre. Cuando el astro rey se pone, la tierra se enfría, irradiando calor al espacio exterior. Las corrientes de aire también se enfrían, menguando la cantidad de aire caliente que hace flotar a las nubes, sobre todo los cúmulos, y empiezan a descender.

Entonces, entran en contacto con las capas de aire más caliente próximas a la superficie y las gotas de agua empiezan a evaporarse. Gota a gota, la nube se desvanece sin llegar nunca al suelo.

¿LO SABÍAS?

Algunas nubes brillan en la oscuridad. Las nubes noctilucentes flotan a unos 80 km de altitud y reflejan la luz del sol incluso mucho después del ocaso.

¿Cuál es la causa del estampido del trueno?

Crujidos, estruendos y retumbos. Mientras lees esto, alrededor de dos mil tormentas eléctricas se están desencadenando en todo el planeta, y los rayos impactan en la tierra unas cien veces por segundo. No es pues de extrañar que tantas culturas se hayan sacado de la manga dioses del trueno para explicar tan pavorosos sonidos.

En Europa, imperaba Thor, de barba pelirroja; arrojaba una especie de martillo que regresaba como un boomerang. Los chinos tenían a Lei Kung, una criatura con el cuerpo azul y garras y alas de murciélago que provocaba los truenos con una maza y un tambor. En la antigua Sumeria, se adoraba a Ninhar, el toro rugiente (casado con la más apetitosa Ninigara, dama de la Nata y la Mantequilla). Y los indios de América del Norte rendían culto a la mítica «ave del trueno». Los relámpagos salían de su pico, y el trueno era la reverberación del prodigioso batir de sus alas. En la antigua Inglaterra, si tronaba en jueves, quería decir que las ovejas estaban sanas, pero si lo hacía en domingo, augu-

Dioses del trueno modernos...

Thork... ... adorado por los patinadores; sus caídas agitan los cielos...

Mocoso mimado... ... temido por las mamás; sus rabietas convulsionan los cielos...

Srta. Tragona — No cabe en la cama cuando deja el régimen.

raba la muerte a los jueces y demás «hombres eruditos».

Hoy sabemos que el trueno es el sonido que hace el rayo al rasgar el cielo. Del mismo modo que una chispita de electrones puede brincar por una sábana en una estancia seca, una chispa colosal —el relámpago— es capaz de conectar una nube de tormenta con el suelo. Y al igual que oímos un leve chisporroteo cuando la chispita salta por la sábana, el estampido del trueno hace estremecer la tierra.

Veamos cómo funciona. Del fondo de la nube emerge un rayo moderadamente luminoso, el rayo guía, que zigzaguea hacia el suelo en una fracción de segundo, creando un canal de unos 2 cm de anchura en el aire.

El rayo lleva una carga eléctrica aproximada de 200 amperios (la corriente doméstica es de 15 o 20). Al llegar a unos 20 m de la superficie, otra chispa salta de la tierra y avanza a su encuentro. Ambas chispas se unen y la corriente inicia su camino de regreso, ascendiendo por el canal hasta la nube ¡y aumentando su potencia hasta más de 10.000 amperios!

Otro rayo guía se precipita a través del canal que ha dejado el rayo ascendente; otra chispa surge de la tierra y emprende su fugaz viaje hacia la nube, y así sucesivamente. Las temperaturas en el canal de aire alcanzan enseguida los 30.000 °C. Estos relámpagos, que suben y bajan innumerables veces en menos de un segundo, es lo que percibimos como un solo rayo.

En el canal, cuando las moléculas de aire absorben una increíble cantidad de energía, se sobrecalientan y se expanden con violencia. El aire sigue expandiéndose en todas las direcciones a una velocidad supersónica, formando ondas de choque. A pocos metros del rayo, las ondas se ralentizan a unos 330 m/seg, es decir, la velocidad de una onda sónica ordinaria. Cuando una de ellas llega hasta nuestros oídos, oímos el clásico estampido seco.

El trueno es el sonido que hace el rayo al rasgar el cielo.

Ese estampido procede del canal principal del relámpago. En realidad, la corriente eléctrica de retorno del destello luminoso es la que genera el sonido más potente, pues transporta la carga más elevada, calentando y expandiendo más el aire. El característico «crujido» que a veces oímos es el resultado de la ramificación de otro rayo a partir del canal principal.

Después del estampido y el trueno propiamente dicho, el estruendo que los sigue no es más que el eco del trueno rebotando en las nubes, las montañas y los edificios.

¿Por qué el arco iris siempre forma un arco?

Cuando pensamos en un arco iris, imaginamos su extraordinario colorido, el sol saliendo después de llover y diversas áreas doradas en el cielo. Pero lo cierto es que muchas civilizaciones antiguas, tanto africanas como europeas, han comparado la forma curva de los arcos iris con serpientes. En un relato africano, concreta-

En un relato africano, el arco iris es una serpiente gigantesca que sale en busca de alimento al cesar la lluvia.

mente, el arco iris es una serpiente gigantesca que sale en busca de alimento al cesar la lluvia, y el desdichado que tiene la mala suerte de que el arco iris le caiga encima, es engullido como lo hace una boa con un ratón.

En realidad, un arco iris es un fenómeno luminoso más que un objeto celeste y sólo aparece cuando las circunstancias son propicias. La luz del sol debe estar situada a tus espaldas y las gotas de lluvia tienen que caer frente a ti. (Dado que la formación de un arco iris requiere una poderosa luz solar, la tormenta debería pasar a una considerable distancia de tu posición.)

Cuando la luz alcanza las gotas de agua, se desvía, ya que el agua es más densa (está más comprimida) que el aire. Como sabes, la luz blanca del sol está compuesta de siete colores: rojo, anaranjado, amarillo, verde, azul, añil y violeta. Los colores no son sino luz con diferentes longitudes de onda, y las gotas de agua desvían (refractan) un poco más o un poco menos cada longitud de onda cuando el haz penetra en ellas, proyectándolas en distintas direcciones. Lo que antes era un único haz luminoso blanco, ahora se ha dividido en sus verdaderas tonalidades, cada una de las cuales sigue su propio camino.

Una vez en el interior de la gota de agua, los rayos cromáticos chocan con la pared, desviándose aún más y saliendo por el mismo lado por el que entraron. Es entonces cuando ves un arco iris de colores formando un arco en el cielo.

Cada gota de agua refracta los siete colores, aunque desde la posición que ocupas, tus ojos sólo reciben determinadas tonalidades desde determinadas gotas. Teniendo en cuenta que el rojo y el anaranjado se desvían, se refractan hasta tus ojos desde las gotas más altas; el azul y el violeta se desvían menos, de manera que llegan hasta ti desde las gotas más bajas; y el amarillo y el verde proceden de las gotas interme-

dias. Une todos los colores y ya tienes un arco iris.

¿Por qué son curvos los arcos iris? Pues porque las gotas de agua que los forman también lo son. Cada gota es una pequeña esfera, de tal modo que la luz que emerge de su interior no hace sino emular su curvatura. El arco que ves forma parte de esta esfera luminosa. (A veces, el arco consistirá en un segmento más o menos prolongado, pues es posible que la lluvia no cubra toda la bóveda celeste.)

Si la rueda cromática estuviese completa, su centro quedaría oculto a la altura del horizonte o por debajo del mismo. De vez en cuando, desde una colina con vistas a un valle largo y profundo, y si la lluvia se ha distribuido correctamente, se pueden ver arcos iris que forman una circunferencia casi completa.

En algún lugar del Arco Iris...

... Está mi vaca.

¿Por qué se forma el rocío en la hierba?

Aparece como salido de la nada y reluce en las briznas de hierba, en las hojas y en las flores. No es de extrañar que en la antigüedad se creyera que el rocío era néctar del cielo. Rodar por el rocío era una de las prácticas favoritas de algunas ceremonias, al igual que bañarse en él o beber un poco para recuperar el vigor y la salud.

Pero el rocío no se limita a la hierba matinal, sino que también se forma una especie de rocío en las tuberías frías cuando hace calor («sudan», como solemos decir) y en el exterior de los vasos con hielo en verano. El rocío se produce cuando el aire húmedo entra en contacto con una superficie más fría, ya sea una brizna de hierba, una tubería de agua fría o un vaso con hielo.

El aire tiene lo que los científicos denominan «temperatura de punto de condensación», lo que significa que a una temperatura y presión determinadas, contiene la máxima cantidad posible de vapor de agua. El aire está saturado, como un paño empapado justo antes de que empiece a gotear en el pavimento del cuarto de baño.

Que se forme o no rocío por la mañana, depende de lo que haya sucedido la noche anterior. Después del ocaso, la superficie de la Tierra empieza a perder el calor acumulado durante el día. El aire húmedo situado a ras del suelo también pierde calor. Si el cielo está despejado, el calor simplemente se irradia al espacio.

> *El rocío no se forma sólo en la hierba matinal, sino también en las tuberías frías y en los vasos con hielo cuando hace calor.*

El aire frío, más denso (más comprimido), es incapaz de retener tanto vapor de agua como el aire caliente y de ahí que alcance enseguida el punto de condensación cuando está saturado de agua pero sin «derramarse». Si las condiciones permanecen en calma, sin ninguna brisa que lo mezcle con alguna capa superior de aire caliente, se forma el rocío.

Veamos cómo. El aire, cargadísimo de vapor de agua, entra en contacto con una brizna de hierba fría y se enfría, licuándose y goteando (al igual que un paño empapado). Las gotas se combinan con el agua que se evapora de las plantas y muy pronto todo el césped se cubre de gotitas, que centellean al salir el sol por la mañana.

El rocío se forma con más frecuencia cuando el cielo nocturno está despejado, ya que no hay nubes que impidan la radiación del calor al espacio. Ésta es la razón por la que un proverbio rural dice que si hay rocío por la mañana, ese día no lloverá; de lo contrario, una tormenta está en camino.

El rocío tiene extraños efectos en la luz; los verás a primera hora de la mañana, recién salido el sol, en un césped bien segado. Ponte de espaldas al sol, mira el extremo superior de tu larga sombra proyectándose sobre la hierba. Observarás un halo luminoso sobre tu cabeza.

¡No necesitas ser un santo para lucir un halo de rocío! Su proceso de formación es similar al del arco iris. La luz solar se refleja en las gotas de rocío situadas frente al observador, creando un ligero halo en la hierba, del mismo modo que el arco iris se hace visible al orientar el chorro de agua de una manguera en el ángulo correcto respecto a la luz del sol en verano.

¿Cómo se origina la niebla?

La niebla es una nube a ras de tierra y compuesta, en general, de minúsculas gotitas de agua, que descienden y vuelven a ascender transportadas por las corrientes de aire. A veces, se precipitan al suelo como la lluvia, pero enseguida se forman otras gotas que ocupan su lugar.

¿Cuál es el origen de la niebla? La niebla se genera en el aire, donde siempre existen moléculas de agua revoloteando de un lado a otro. Dichas moléculas se elevan desde los océanos, los ríos y las plantas en un proceso llamado «evaporación».

El aire caliente puede contener mucho vapor de agua, pero al enfriarse, alcanza el punto de saturación y las moléculas de agua se condensan en forma de gotas, adhiriéndose a las partículas de polvo, suciedad y contaminación presentes en la atmósfera. Una gotita de agua con una partícula en su interior es como una perla dentro de una ostra. Las gotas aumentan de tamaño a medida que se acumulan más y más molécu-

las de agua. Es entonces cuando forman un ligero velo que se puede transformar en una espesa niebla.

La niebla que se forma de noche y flota por la mañana se denomina «niebla de radiación». Cuando el sol se ha puesto, la superficie de la Tierra y el aire que la rodea se enfrían, irradiando el calor acumulado durante el día. Si el aire es húmedo o el frío muy intenso, aparece una nube de gotas de agua que flota sobre el suelo. (Por la noche, conduciendo en un valle por una carretera rural, puedes encontrarte de repente con una niebla tan densa que los faros delanteros apenas sean capaces de penetrar en ella. Eso se debe a que el aire frío tiende a descender por las laderas montañosas hasta los valles, transportando la espesa niebla.)

La niebla es una nube que flota cerca del suelo.

La niebla de radiación es más densa por la mañana, justo después del alba.

¿LO SABÍAS?

De vez en cuando, en el Ártico se forman bancos de niebla helados. Si caminas a través de ellos, estarás rodeado de minúsculos cristales relucientes de hielo.

¿Por qué? Los primeros rayos del sol no calientan lo suficiente el aire como para evaporarla, pero el aire caliente se vuelve más turbulento; el aire frío se difunde, creando una capa más espesa de niebla.

No obstante, a medida que avanza la mañana, el aire se calienta paulatinamente, el agua se evapora, las gotas se reducen a moléculas y la niebla escampa.

Otro tipo de niebla se forma cuando la lluvia cálida procedente de nubes altas cae en un estrato de aire más frío cerca del suelo. El aire frío se satura de agua procedente de la evaporación de las gotas de lluvia y aparece la niebla. La niebla se parece al vapor que se eleva de una bañera de agua caliente en el aire más frío del cuarto de baño.

¿Por qué dejan estelas parecidas a las nubes los aviones en el cielo?

Un avión a reacción evolucionando por el cielo se parece a una cometa impulsada por una deslumbrante cola. Si has observado la estela de un avión, quizá te hayas dado cuenta de su semejanza con estas nubes altas e irregulares conocidas como *cirrus*. Cirro significa «rizo» o «zarcillo». Los gélidos cirros parecen mechones de pelo ensortijados.

La similitud de la estela de un reactor con un cirro no es sólo superficial. En realidad, una estela es un cirro producido por los motores de la aeronave.

¿Es un pájaro? ¿Es un avión? ¡No! ¡Es el Parte Meteorológico!

[La probabilidad de que llueva es del 60 %]

Las nubes se forman cuando el vapor de agua se condensa en gotas alrededor de las partículas de polvo, humo, polen de las plantas o sal presentes en el aire. Pues bien, las nubes creadas por los reactores no son una excepción. El vapor de agua procede de los motores, y las partículas —hollín que no ha completado el proceso de combustión—, de la tobera de escape.

Como los aviones a reacción vuelan a gran altitud —más de 9.000 m—, el aire que los rodea es muy frío. (Cuando vas en avión, el aire al otro lado de la ventanilla, por muy soleado que sea el día, puede alcanzar los 20 °C bajo cero.) Con temperaturas tan bajas, el vapor de agua de los motores tarda escasos segundos en congelarse alrededor de las partículas situadas detrás de la tobera, dejando una larga nube helada y vaporosa, a la que los científicos han bautizado como «estela de condensación del escape». Así pues, un reactor es una máquina volante productora de nubes.

Si el aire que rodea el aeroplano es muy seco, la estela de condensación desaparece inmediatamente después de haberse formado, ya que el agua se dispersa en el aire frío. De ahí que en ocasiones veas reactores con una estela muy corta o sin ella.

Pero si el aire es lo bastante húmedo, el reactor dejará una cola más y más larga, que irá ensanchándose progresivamente de un extremo al otro del cielo, hinchándose como un globo. Esta hinchazón de la nube se produce a medida que se disipa lentamente en el aire. Cuando el aire es húmedo, la nube-estela puede durar horas, desplazándose por el cielo como cualquier otro cirro.

Cuando el aire es húmedo, la nube-estela puede durar horas, desplazándose por el cielo hasta adquirir el aspecto de cualquier cirro normal y corriente.

Brillando bajo la luz dorada del sol poniente, la estela de un reactor puede ser una de las nubes más hermosas de la bóveda celeste. Las estelas de los aviones a reacción también se utilizan para pronosticar el tiempo. Si un reactor no deja estela o ésta se desvanece con rapidez, quiere decir que el clima es seco y que no amenaza tormenta, mientras que si permanece durante un largo rato en el cielo, significa que las capas superiores de la atmósfera están cargadas de humedad; la lluvia o la nieve están en camino.

¿Por qué cambia de color el cielo al ponerse el sol?

En un día soleado, el cielo es azul, las nubes son blancas y el sol presenta su tonalidad blancoamarillenta de costumbre. Pero en el ocaso, las nubes blancas y el cielo azul se tornan rosa, anaranjadas y violáceas, y el sol enrojece. Este cambio es fruto del especial comportamiento de moléculas de gas que circulan a una velocidad meteórica y de partículas de polvo, hollín, etc., en suspensión.

El proceso se desarrolla del modo siguiente. La luz que se genera en el interior del sol es blanca, pero la luz blanca contiene otros muchos colores: todos los del arco iris. Puedes comprobarlo observando la luz blanca a través de un prisma, que la divide en sus componentes cromáticos. En efecto, la luz blanca entra en el prisma y sale por el lado opuesto fragmentada en bandas de luz roja, anaranjada, amarilla, verde, azul, añil y violeta.

Asimismo, cuando la luz solar penetra en la atmósfera terrestre, una parte de ella llega intacta hasta el suelo, manteniendo el color blanco, pero dado que el aire de nuestro planeta está compuesto de moléculas gaseosas (nitrógeno, oxígeno, etc.), una parte de la luz pasa a través de ellas.

Cuando la luz del sol atraviesa una molécula de gas, se fragmenta en sus auténticos colores y se dispersa en todas direcciones. No obstante, el brillo de la luz emergente dependerá siempre de la tonalidad. La luz azul, por ejemplo, es ocho veces más brillante que la roja al salir de una molécula de gas.

¿Te has preguntado alguna vez por qué es azul el cielo? ¡Muy sencillo! Porque la luz de esta intensísima tonalidad se dispersa en todas direcciones después de atravesar miles de millones de moléculas gaseosas. (A decir verdad, la bóveda celeste no es de un azul «puro», ya que los demás colores también llegan hasta nuestros ojos, aunque son mucho más débiles.)

Cuando el haz de luz solar pierde el

azul, es amarillento, pues los tonos que permanecen en él son los cálidos. De ahí que el sol tenga un aspecto más amarillo de lo que es en realidad.

Al atardecer, se produce un cambio aún más espectacular si cabe. Los estratos inferiores del aire son los más densos, es decir, los que acumulan más moléculas de gas y más partículas de polvo. En consecuencia, cuando el astro rey se aproxima al horizonte, su luz debe atravesar un manto más espeso de aire que durante el resto del día.

¿Por qué? Pues porque cuando el sol está en su cenit, su luz sólo pasa a través del aire situado sobre nuestras cabezas, un aire cada vez más ralo a medida que aumenta la altitud, llegando hasta nuestros ojos sin haber sufrido la menor alteración.

Pero cuando el sol está cerca del horizonte, su luz tiene que atravesar la capa de aire próxima a la tierra, mucho más densa, que se extiende desde la posición del observador hasta el horizonte. Cuanto mayor es la cantidad de moléculas de aire y partículas de polvo y contaminantes que la luz solar encuentra a su paso, mayor es también la cantidad de tonalidades del extremo azul del espectro que se fugan del haz.

Al llegar a nuestros ojos, la mayor parte de la luz es anaranjada y roja. De ahí que veamos el sol como una extraordinaria bola de fuego, en lugar de un pálido globo amarillento.

Las partículas de polvo dispersan la luz enrojecida hacia la tierra —las nubes también la reflejan—, creando un tapiz rojo y anaranjado. Inmediatamente después del crepúsculo, pueden aparecer zonas violáceas en el cielo. Algunos especialistas opinan que el violeta es fruto de un traslapado cromático: la combinación de la intensa luz roja presente en las inmediaciones del horizonte con la luz azul procedente de las capas más altas del cielo.

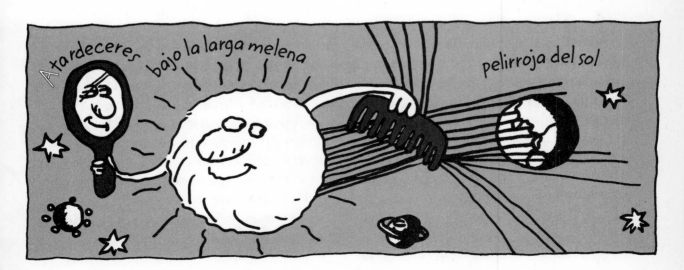

¿Por qué actúa la Tierra como un imán?

Experimento Científico Absurdo n.º 1

Paso ① Cubre la Tierra con una hoja de papel...

Paso ② Echa limaduras de hierro...

Paso ③ Sal al espacio exterior para ver el diseño

¿**H**as visto alguna vez un imán, una pieza de hierro rectangular con un polo positivo y un polo negativo? Si lo cubres con una hoja de papel y esparces limaduras o clavos de hierro observarás su campo de fuerza invisible. Los pedacitos de hierro se alinearán formando sendos arcos alrededor del imán, cuyos extremos terminan en los polos.

La Tierra actúa como si tuviera un imán alojado en su núcleo. Los polos norte y sur magnéticos (cerca del polo norte y polo sur actuales) vienen a ser los dos extremos del imán. Desde los polos fluye un campo magnético invisible que se extiende hasta miles de kilómetros más allá de la atmósfera.

Todos los campos magnéticos, tanto el que emana del imán de la puerta del frigorífico como de la Tierra, están generados por corrientes eléctricas —electrones en movimiento—. Los electrones, que orbitan alrededor del núcleo de los átomos, poseen una carga eléctrica negativa. Un electrón en movimiento genera su propio campo magnético, que describe un gran arco alrededor del sendero por el que se desplazan. (Por ejemplo, cuando una lámpara está encendida, alrededor del cable eléctrico se produce un débil campo magnético.)

Los científicos creen que las corrientes eléctricas también son las responsables del magnetismo terrestre. El núcleo planetario está compuesto principalmente de hierro sólido envuelto en hierro líquido. Al rotar la Tierra, el núcleo también rota, generando corrientes eléctricas en el metal líquido, las cuales a su vez crean campos magnéticos, transformando nuestro planeta en un enorme imán.

Enorme..., pero débil. En efecto, el campo magnético de la Tierra no es capaz de que los clavos de hierro y las sartenes se adhieran al suelo. En las proximidades de los dos polos es más intenso, pero aun así, es una mínima fracción (1/200 aproximadamente) de la fuerza que ejerce un típico imán de juguete en forma de herradura. (Compruébalo tú mismo acercando un pequeño imán a una brújula. La aguja se desviará del norte, demostrando que es más potente que la Tierra.)

Pero el campo magnético terrestre sí es lo bastante fuerte para alterar el curso de las partículas eléctricas presentes en el espacio. Un buen ejemplo de sus efectos visibles lo constituye el asombroso espectáculo de luz natural llamado «aurora», en el que unas deslumbrantes cortinas de luz verde-azulada, con áreas de rosa y rojo, pueden extenderse hasta más de cien kilómetros en el cielo vespertino en las regiones próximas al polo norte (aurora austral) y al polo sur (aurora boreal). Si se pudiese desconectar de algún modo el campo magnético de nuestro planeta, las auroras también desaparecerían.

¿Cuál es el motivo? Los protones y los electrones (partículas atómicas) fluyen del sol de forma ininterrumpida, creando una corriente llamada «viento solar». Cuando estas partículas cargadas eléctricamente pasan cerca de la Tierra, entran en contacto con su campo magnético.

El campo magnético terrestre es demasiado débil para que los clavos y las sartenes se adhieran al suelo.

El campo magnético las atrae, acelerándolas e impulsándolas en forma de «haces» a lo largo de las líneas de fuerza, que se desvían hacia la superficie del planeta al llegar a las inmediaciones del polo norte y del polo sur y penetran en la atmósfera.

Al chocar con las partículas de las capas altas de la atmósfera, los átomos de nitrógeno y oxígeno emiten fotones de luz coloreada: el estremecedor fulgor de la aurora.

¿LO SABÍAS?

Los científicos creen que las aves pueden percibir las líneas del campo magnético de la Tierra y les sirven de orientación durante las migraciones.

¿Es cierto que el agua se arremolina en sentido opuesto al norte y al sur del ecuador al salir por el desagüe?

Quizá hayas oído decir a algún amigo o en la escuela, que en el hemisferio sur el agua se arremolina en el sentido de las manecillas del reloj, y en sentido contrario en el hemisferio norte. ¿A qué se debe este fenómeno? Al efecto Coriolis.

No, no se trata de la película de moda de este verano, sino simplemente del efecto que produce un planeta en rotación sobre los cuerpos en movimiento tanto en su superficie como en el aire, incluyendo el agua, los sistemas climáticos e incluso la trayectoria de los cohetes.

El efecto debe su nombre a Gaspard-Gustave de Coriolis, un matemático e ingeniero francés del siglo XIX, una de cuyas áreas de estudio fue el comportamiento de los cuerpos en movimiento cuando su marco de referencia es rotante, como en el caso de la Tierra.

Para que te hagas una idea de cómo funciona el efecto Coriolis, coloca una hoja de papel en el centro de una mesa giratoria. Luego, haz girar la mesa y, sosteniendo una regla a escasos centímetros de la misma, desde el centro hacia el borde, traza una línea recta en el papel, siguiendo el borde de la regla. Si te fijas, verás que la línea no es recta, sino curva, ¡un verdadero tornado!

El efecto Coriolis es el que contribuye a curvar las depresiones borrascosas, convirtiéndolas en ciclones y huracanes circulares tanto en la Tierra como en el Gran Punto Rojo de Júpiter. En nuestro planeta, estas depresiones giran en el sentido de las agujas del reloj al sur del ecuador y en sentido contrario al norte. Y de ahí derivó la historia del desagüe de las bañeras —y del remolino del agua al tirar de la cadena del inodoro—. La gente creía que si el efecto Coriolis influía en todo, entonces los vórtices de agua debían girar en direcciones opuestas en París y en Melbourne.

Por desgracia, estaban en un error. Aunque la rotación de la Tierra influye en el agua de una bañera, su efecto es tan leve que pasa completamente inadvertido. Puedes comprobarlo con los distintos desagües de la casa. (Mi bañera en Nueva York gira en el sentido de las manecillas del reloj, es decir, todo lo contrario de lo que había enunciado el efecto Coriolis.)

A decir verdad, el agua cuela por el sumidero en ambos sentidos tanto en el norte como en el sur, dependiendo exclusivamente de las tuberías. El ritmo de rotación de una pequeña cantidad de agua en un sumidero puede ser diez mil veces más rápido que el de nuestro planeta, que tarda veinticuatro horas en completar una vuelta. Por lo tanto, el efecto Coriolis es demasiado débil para influir en el comportamiento de los vórtices domésticos.

Para actuar como lo hace en la naturaleza, a escala de un tornado, las bañeras deberían tener unas dimensiones de centenares de kilómetros..., ¡ideal para una familia de gigantes!

El efecto Coriolis y el pececito que se fue al cielo...

¡Oh, no! ¡Va en la dirección equivocada!

¿Por qué desaparecen los barcos y los aviones en el Triángulo de las Bermudas?

Unos lo llaman el Triángulo de las Bermudas; otros prefieren denominarlo el Triángulo del Diablo o el Limbo de los Perdidos. Se trata de un área triangular del océano, frente a la costa de las islas Bermudas, en la que supuestamente han desaparecido, o han sido misteriosamente abandonados, más de cien barcos, aviones y embarcaciones de recreo.

En general, se dice que el triángulo está formado por tres líneas imaginarias que unen Melbourne, en la costa sudeste de Florida, las islas Bermudas y Puerto Rico. Sin embargo, los límites varían según los autores. Hay quien dice, por ejemplo, que el triángulo lo forman Florida, las islas Bermudas y Virginia, aunque si se traza un triángulo de mayores dimensiones, aumenta el número de desapariciones de buques y aeronaves, confiriendo un carácter aún más misterioso a la región.

Con los años, numerosos libros y programas de televisión han asegurado que algo extraño está sucediendo en esta zona del océano. Según dicen, los barcos penetran en ella y se hunden sin dejar rastro, y los aviones entran en su espacio aéreo y se desvanecen para siempre. Sus explicaciones van desde olas monstruosas provocadas por terremotos submarinos, hasta secuestradores alienígenas y deformaciones de la dimensión tiempo que los trasladan al pasado y al futuro, sin olvidar gigantescos monstruos marinos que los engullen y... ¡zas!, ¡otro yate en la barriga!

Si todo esto te parece un tanto descabellado, piensa que no eres el único. Por suerte, disponemos de una herramienta —la investigación científica— que nos puede ayudar a resolver estos misterios. En los años setenta, Lawrence Kusche, bibliotecario y piloto, decidió investigar el enigmático triángulo, publicando sus conclusiones en el libro titulado *The Bermuda Triangle: Mystery Solved*.

Como piloto, Kusche sabía muy bien lo que podía ocurrirles a los aviones en vuelo, y como bibliotecario, tenía acceso a todo tipo de documentos y registros antiguos.

Kusche no tardó en descubrir que no hacía falta recurrir a lo sobrenatural para explicar aquellos sucesos. En primer lugar, decía, es absurdo intentar dar una sola explicación a más de cien incidentes aislados. Si alguien te dijera que todos los accidentes de coche que se producen en Nueva York están causados por la embriaguez de los conductores —o por una posesión demoníaca—, no creerías una palabra. De igual modo, los accidentes que tienen lugar en el océano se deben a diversas razones: mal tiempo, avería del instrumental, errores de navegación, etc.

Kusche estudió un sinfín de artículos de periódico e informes antiguos, llegando a la conclusión de que había buenas explicaciones para la mayoría de los siniestros acaecidos en el Triángulo, como por ejemplo la desaparición del yate de Filadelfia *La Dahama*, en 1935.

Algunos autores afirmaron que había zozobrado en medio de una tormenta y que la tripulación fue rescatada en el último momento por otra embarcación. No obstante, días más tarde, se encontró el yate abandonado en aguas tranquilas, aunque lleno de comida. Como es natural, hubo quienes no dudaron en calificarlo de «buque fantasma».

Pero según las investigaciones de Kusche, no hubo ningún misterio en la «reaparición» del yate... ¡pues no existió reaparición alguna! La tripulación de la embarcación de salvamento había informado que el yate dañado por la tempestad se hallaba en «condición de hundirse» al abandonar la escena. Nunca dijeron que se hubiese hundido. No había ningún barco fantasma ni ningún misterio; ni siquiera un relato de interés o, por lo menos, no como para vender miles de periódicos.

Entre 1850 y 1975, unas doscientas embarcaciones desaparecieron o fueron abandonadas entre Nueva Inglaterra y Europa, pero hasta la fecha, a nadie se le ha ocurrido denominarlo El Rectángulo del Diablo del Atlántico Norte.

Un caso tras otro, Kusche encontró explicaciones normales, incluso aburridas. Las fantásticas historias sobre el Triángulo sólo eran medias verdades, y cuando se contaban con pelos y señales, los enigmáticos incidentes se convertían en accidentes ordinarios. En lugar de enfrascarse en una profunda y monótona investigación similar a la de Kusche, otros habían considerado más fácil, más estimulante —¡y más provechoso!— formular historias de buques fantasma, deformaciones dimensionales del tiempo e invasores extraterrestres.

Algunas desapariciones, en las que no hubo testigos oculares ni se conservaron pruebas físicas, quedaron sin explicar, pero como señaló Kusche, también existen muchísimas desapariciones inexplicadas en otras regiones oceánicas. La diferencia estriba en que no se les ha dado una publicidad tan espectacular. Los mares de la Tierra son enormes y no es de extrañar que se traguen algunas cosas sin dejar rastro.

Por ejemplo, Kusche descubrió que entre 1850 y 1975, unas doscientas embarcaciones habían desaparecido o habían sido abandonadas entre Nueva Inglaterra y Europa, pero hasta la fecha, a nadie se le ha ocurrido denominarlo El Rectángulo del Diablo del Atlántico Norte.

¿Por qué nos da la sensación de distinguir un rostro en la luna?

Podemos verlo en las noches de luna llena o casi llena: el Hombre de la Luna, con sus enormes ojos huecos y tristes, su larga nariz y lo que parece una boca. Es como si nos estuviera mirando; un centinela permanente dando vueltas alrededor de la Tierra.

Hemos bautizado especies botánicas con su nombre (caléndulas del Hombre de la Luna), lo hemos mencionado en canciones y poemas, y lo hemos representado en libros infantiles y series de animación. Pero como ya debes de haber adivinado, ¡no existe! El Hombre de la Luna es un producto de

los ríos de lava, de los trucos de luz y de la imaginación humana.

Sin embargo, ese hombre no es lo único que la gente dice haber visto en nuestro satélite. Algunas culturas distinguen a una mujer con una cesta en la espalda o un largo pañuelo femenino ondeando al viento. Por otro lado, el «conejo selenita» se ha hecho famoso en todo el mundo.

¿De dónde proceden estos hombres, mujeres y conejos lunares? Hace miles de millones de años, la luna no era el cuerpo celeste silencioso y gris que conocemos en la actualidad. Al igual que todos los mundos rocosos, la luna tiene una historia de volcanes en erupción. Hubo una época en la que la lava ardiente fluía por su superficie. En algunas áreas, se enfrió y se solidificó, formando planicies llamadas «mares». Hay catorce en total, todos ellos en la cara visible desde la Tierra. La lava endurecida da un aspecto gris oscuro a los mares lunares, que son gigantescos y se pueden observar en una noche clara.

Mirando a la luna, cualquiera puede ver lo que es en realidad el célebre «Hombre»: los mares forman los «ojos», la «nariz» y la «boca» que creemos adivinar. ¡Pura imaginación! El ser humano es un diseñador por naturaleza. Tendemos a asociar rasgos que no guardan ninguna relación entre sí y a formar diseños o composiciones. De ahí que seamos capaces de distinguir animales en las formaciones nubosas y toda clase de personas y objetos en la disposición casual de las estrellas. La imaginación es una cualidad fundamental en el arte y la ciencia, pero también nos conduce a «descubrir» hombres o conejos en la superficie lunar.

Hoy en día, el Hombre de la Luna tiene un primo: el Rostro de Marte. Detectado por primera vez gracias a las fotografías de la sonda orbital Vikingo en 1976, mide 1,6 km de longitud y parece elevarse sobre la superficie marciana como la Gran Esfinge de Egipto. Cerca del Rostro se asegura que existen formaciones parecidas a las pirámides egipcias.

Hay quien afirma que el Rostro de Marte demuestra que, en eras pasadas, el planeta rojo estuvo habitado por una civilización inteligente o que, por lo menos, lo visitó. Pero la mayoría de los científicos son escépticos. El astrónomo Carl Sagan dijo que teniendo en cuenta la tendencia del ser humano a descubrir rostros en la naturaleza, no es de extrañar que también haya sido capaz de ver uno en la orografía natural marciana. ¿No es curioso que siempre creamos distinguir en el cielo figuras humanas, animales y todo lo que resulta más apreciado para nosotros?

La NASA se ha propuesto zanjar esta cuestión y en las próximas misiones a Marte intentará fotografiarlo más de cerca, para verificar si se trata de un engaño visual o de una verdadera arquitectura alienígena.

¿Por qué la Tierra sólo tiene un satélite?

Marte tiene dos, Neptuno ocho, Saturno dieciocho, y la Tierra... ¡sólo uno! Claro que podría ser peor: Mercurio y Venus no tienen ninguno. Bien, según parece, en la Gran Lotería de los Satélites, la Tierra tuvo poca suerte.

Por otro lado, hay que admitir que nuestro único satélite es espectacular. La luna, grande, redonda y plateada, ha sido objeto de un sinfín de melodías y poemas, y ha controlado fenomenales mareas oceánicas capaces de inundar por completo nuestro planeta. ¿Qué hubiese sido de nosotros sin ella?

Lo cierto es que en el amanecer de los tiempos, hace alrededor de 4.600 millones de años, la Tierra carecía de satélite. La luna nació inmediatamente después de la formación del planeta. Y ¡sorpresa!: pudo haber tenido una hermana gemela nacida al mismo tiempo y que desapareció hace ya una eternidad.

Según los científicos, en el *demolition derby* (carrera de coches en la que el objetivo consiste en dejar fuera de combate a los demás participantes) que dio origen a nuestro sistema solar, los escombros daban vueltas y más vueltas alrededor del sol-bebé, colisionando continuamente con una extraordinaria violencia. Los nuevos planetas también

Si hubiese...

...¡Dos lunas!

Te pondrías moreno de noche...

...harías surf por todo el país con la marea alta...

...¡verías al Hombre y a la Mujer de la Luna!

chocaban entre sí de vez en cuando, desprendiéndose algunos fragmentos de ellos. El caos se prolongó durante millones de años. Cuando la situación se tranquilizó y cada cuerpo celeste ocupó por fin el lugar que le correspondía, se completó la formación de nuestro sistema solar, compuesto de nueve planetas y cincuenta satélites orbitando alrededor del sol, así como de miles de asteroides, meteoritos y cometas.

Es posible que la luna naciera de un modo especialmente violento. La jovencísima Tierra aún estaba muy caliente, tanto que la roca corría por su superficie en forma de ríos de lava. En opinión de los

La luna nació después de la formación de la Tierra. Y ¡sorpresa!: pudo haber tenido una hermana gemela nacida al mismo tiempo y que desapareció hace ya una eternidad.

especialistas, se había formado un planeta más pequeño cerca de la Tierra, del tamaño de Marte o mayor, y los dos mundos describían una órbita de colisión.

Desplazándose a una velocidad de unos 40.000 km/h, se estrelló contra nuestro planeta, y la tremenda explosión impulsó al espacio una gran cantidad de materia fundida de ambos colosos.

Una parte de dicha materia cayó de nuevo a la Tierra, mezclándose con la roca líquida, pero la restante permaneció en el espacio, formando un grumo de roca incandescente orbitante. Durante miles de años, ese grumo se enfrió y fue adquiriendo una forma esférica hasta convertirse en nuestra familiar luna blancogrisácea.

Recientemente, mediante programas informáticos capaces de simular la colisión, los expertos han hecho un descubrimiento asombroso. En nueve de los veintisiete supuestos estudiados, se han formado dos satélites en lugar de uno: la luna propiamente dicha y una hermana sin nombre que describe una órbita aún más próxima a la Tierra.

Tal y como han podido comprobar los científicos en las pantallas de sus ordenadores, la órbita de la luna interior perdió estabilidad bajo la atracción de la gravedad terrestre y en menos de un siglo se estrelló en la superficie de nuestro planeta.

Si las teorías son correctas, podrías estar caminando sobre residuos de un mundo extraterrestre del tamaño de Marte y cascotes de un satélite, la hermana perdida de nuestra luna. De haber sobrevivido, hubiésemos tenido que idear un nombre algo más creativo que «luna» —sinónimo de «satélite»— para esa segunda luz.

Un anillo alrededor de la luna

¿**H**as visto alguna vez un gran anillo blanco y fantasmagórico alrededor de la luna? Al principio, este fenómeno resulta difícil de comprender. En realidad, sabemos que el anillo no circunda la luna, que viaja por el espacio a unos 384.000 km de distancia de la Tierra, sino que está en nuestra propia atmósfera, pero ¿por qué rodea a la luna y por qué sólo aparece de vez en cuando y no cada noche?

Míralo con atención y descubrirás que el anillo no es blanco, sino que parece un débil arco iris circular, con luz roja en el interior y azul pálido en el exterior.

El anillo lunar, que también se conoce como «halo de hielo», se forma cuando los cristales de hielo de los fríos cirros que se desplazan por las capas altas de la atmósfera desvían —refractan— la luz. Cada cristal de hielo de seis caras actúa como un prisma minúsculo que desvía la luz de la luna, descomponiendo la luz blanca en los colores del arco iris.

La luz alterada de la luna se muestra en forma de anillo porque los cristales refractan la luz en un cono. (El observador, en este caso tú, está situado en el vértice del cono luminoso.) Si extiendes los brazos, el anillo suele dar la impresión de tener una anchura de dos puños. Lo cierto es que su anchura depende de la cantidad de luz lunar refractada por los cristales de hielo. En general, penetra por las caras de los cristales y se desvía en un ángulo de 22 grados, formando un cono relativamente pequeño, pero también se han detectado enormes halos de 46 grados, aunque con menor frecuencia, que sólo se forman cuando la luz de la luna pasa a través de las aristas de los cristales.

Según la tradición popular, este anillo anuncia lluvia, y a menudo sucede, ya que sólo puede aparecer en una noche nubosa.

¿Por qué no tiene anillos la Tierra?

¿Un anillo alrededor de la Tierra...? ¿Cómo debía ser?

¡Nunca nos casamos!

¡Lo perdí en el Big Bang!

¡Prefiero una gorra!

Hasta hace poco, la imagen de nuestro sistema solar en la mente del hombre de la calle consistía en nueve planetas orbitando alrededor del sol, uno de los cuales lucía un exuberante cinturón de anillos. Se trataba del increíble Saturno. Los planetas restantes parecían tener un carácter secundario.

Pero los tiempos han cambiado y aprendimos que Júpiter, Urano y Neptuno también tienen anillos, aunque no tan brillantes y numerosos como los de Saturno. A partir de ese instante, a pesar de seguir siendo muy hermoso, Sa-turno perdió su exclusividad. Y más tarde descubrimos algo fundamental: al parecer, los anillos planetarios son un fenómeno temporal —hoy están ahí, pero dentro de cien millones de años habrán desaparecido—. Es posible que la Tierra también tuviese anillos hace mucho, muchísimo tiempo.

Desde luego, el Premio a los Anillos más Elaborados corresponde a Saturno, pues dan la impresión de ser bandas sólidas, aunque en realidad están compuestos de miles de fragmentos de hielo orbitantes y de roca cubierta de hielo cuyo tamaño oscila desde el de los pedacitos de hielo picado hasta el de los icebergs, con una interminable lista de dimensiones intermedias, girando alrededor de Saturno a 72.000 km/h.

¿Cómo se formaron los anillos? Los científicos dicen que podría tratarse de los restos de un satélite que hizo explosión al recibir el impacto de un asteroide; o un cometa extraviado se aproximó demasiado a Saturno y se rompió en mil pedazos a causa de la colosal fuerza de gravedad del planeta.

Júpiter se lleva el Premio al Anillo Solitario, una sola franja mate que quizá esté compuesta de pequeños fragmentos de roca y polvo cubiertos de hollín. Según los expertos, podría tratarse de partículas desconchadas de sus satélites a causa del impacto de minúsculos meteoritos o expulsadas al espacio por los volcanes de Io, una de las lunas de Júpiter. Urano tiene un mínimo de nueve anillos oscuros, y Neptuno cuatro.

Independientemente de su composición o de su origen, un planeta tiene anillos porque su gravedad mantiene las partículas orbitando a su alrededor. Pero la gravedad tiene un inconveniente. Los sistemas anulares parecen ser temporales, construcciones efímeras. En opinión de los especialistas, los anillos de Saturno, al igual que los de los demás planetas exteriores de nuestro sistema solar, tienen la forma actual desde hace apenas cien millones de años.

¿Por qué ocurre? Los gases que rodean un planeta —su atmósfera— se escapan poco a poco hacia el espacio, pero incluso a la distancia orbital de los anillos existen residuos gaseosos. Las diminutas partículas anulares colisionan con las moléculas de gas, generando la llamada «fricción atmosférica».

Este fenómeno ralentiza la velocidad orbital de las partículas, que descienden hacia el planeta en una espiral gradual, atraídas por la gravedad, hasta penetrar en la atmósfera planetaria.

Los sistemas anulares parecen ser construcciones temporales.

Y eso nos lleva de nuevo a la Tierra. Los científicos creen que nuestro planeta tenía un anillo hace miles de millones de años, en lugar de un satélite. En efecto, durante la formación del sistema solar, una colisión entre la Tierra y otro cuerpo celeste próximo dejó un anillo de escombros orbitantes a su alrededor, pero en lugar de caer a la superficie, se aglomeraron poco a poco hasta formar..., ¡acertaste...!, ¡la luna!

¿De dónde procede el polvo?

Si te has sentado alguna vez cerca de una ventana soleada, habrás observado que el haz de luz está repleto de polvo en suspensión. Asimismo, al día siguiente de haber quitado el polvo de los muebles, vuelve a aparecer. Y ¿qué me dices de la borra que se forma debajo de la cama?

Quizá exista una fábrica secreta en alguna parte que arroja nubes de partículas no identificadas al aire durante la noche, reciclando las bolsas de las aspiradoras que hemos tirado a la basura.

En realidad, el polvo se forma porque «las cosas se separan». En efecto, la mayor parte del polvo consiste en diminutos fragmentos que se han desprendido de objetos más grandes. El mundo es un proceso ininterrumpido de reducción a polvo, y una buena parte del mismo penetra en las viviendas y se filtra incluso en las fosas nasales. ¡Jesús!

Los «duendecillos» que flotan en un haz luminoso bien podrían ser la suciedad que acabas de traer de la calle, partículas de tierra mezcladas con cemento pulverizado que se ha desprendido de la acera por el roce de la suela de los

La mayor parte del polvo doméstico son células de la piel.

zapatos. Todo genera polvo. Imagina todas las cosas que hay en la Tierra que se desgastan continuamente por la erosión, que queman en las plantas incineradoras, que expulsan las sierras eléctricas y que el viento desplaza de un lado a otro, eso sin mencionar el limado de las uñas o la aplicación de maquillaje en polvo.

En las fábricas, el polvo tiene su origen en el taladrado y molturado de los materiales. A menudo, los trabajadores tienen que llevar mascarillas para evitar la inhalación de pequeños fragmentos de metal o partículas casi microscópicas de cristal pulverizado.

Las plantas se secan, se desmenuzan y vuelan por el aire. De igual modo, las células muertas se desprenden constantemente de la piel. De hecho, casi todo el polvo que quitas de los mue-

bles cada semana procede de tu cuerpo y del de los restantes miembros de la familia. El 70 % del polvo doméstico está compuesto por células muertas. ¡Menudas fábricas de polvo estamos hechos!

Los volcanes arrojan cenizas a la atmósfera, que cubren el entorno natural de un fino polvillo gris, bloquean la luz solar y contribuyen al descenso de las temperaturas, además de enrojecer el ocaso.

La luna también es un lugar de lo más polvoriento. Su superficie consiste en una gruesa capa de polvo, los residuos de la roca pulverizada de los meteoritos que se han estrellado en ella siglo tras siglo. (Si tienes a mano alguna fotografía de expediciones lunares, verás que las huellas de los astronautas son muy profundas.) En Marte, nuestros robots exploradores se posan en una capa de polvillo anaranjado. Incluso el espacio, tan vacío como parece, es pulverulento, con moléculas flotantes de diversa composición, desde rocas pulverizadas a material procedente de estrellas que han explosionado.

El polvo nunca desaparece, simplemente se desplaza, como bien saben los encargados de la limpieza doméstica. Así pues, una parte del polvo de tu dormitorio puede proceder de un meteorito que en su día surcó el espacio, de una casa de adobe situada en un antiguo desierto o de los huesos de un dinosaurio.

SAFARI

La Tierra se creó para la vida. Todo sucedió como una instantánea en términos cósmicos —la primera y minúscula forma de vida, un primo remoto de las algas verdes, apareció hace 3.500 millones de años—. ¿Cómo se pasó de las algas a los dinosaurios, a los puercoespines y al hombre? La evolución se hizo cargo de ello. Mira a tu alrededor o siéntate en cualquier parque de la ciudad y tendrás ante tus ojos una ventana abierta a la asombrosa variedad de seres vivos que pueblan nuestro planeta: 4.000 especies de aves; 260 especies de ardillas; más de un millón de especies de insectos reptantes y voladores; jirafas con un cuello de 2 m de longitud y elefantes con orejas de 1,5 m. Más de 1.040.000 especies zoológicas con miles de millones de animales, aunque lo más increíble quizá sea que, según dicen los científicos, unos 2.500 millones de especies zoológicas han vivido en la Tierra, ¡y que más del 90 % de ellas se han extinguido!

¿Te has preguntado alguna vez por qué los pabellones auriculares de los elefantes son tan desproporcionados?, ¿por qué hay tantos animales que tienen cola y nosotros no?, ¿por qué ladran los perros o los ojos de los gatos brillan en la oscuridad? Prepárate a descubrirlo emprendiendo un safari por el corazón de la maravillosa vida terrestre.

¿Cómo respiran bajo el agua los peces?

¿**H**as intentado respirar bajo el agua? Penetra por las fosas nasales y provoca asfixia. Prueba a contener la respiración. Llena los pulmones de aire, sumérgete y aguanta hasta que no puedas más.

Ahora ya sabes por qué se inventó el esnórkel o tubo de buceo.

Pero los peces no necesitan tubos ni tanques de oxígeno. Mientras que tú darías lo que fuera por una bocanada de aire, ellos nadan tranquilamente: ¡«como peces en el agua»!, se suele decir.

Sin embargo, saca del agua a la mayoría de las especies piscícolas y verás cómo se desesperan al faltarles el aire. Sí, has oído bien: aire, el «aire» del agua.

¿Cómo es posible que la mayoría de los peces sean incapaces de respirar fuera del agua, pero parecen disponer del oxígeno suficiente bajo ella? Gracias a las branquias.

Las ballenas y los delfines, mamíferos como nosotros, también tienen pulmones como los nuestros. De ahí que tengan que salir a la superficie con regularidad para respirar aire fresco, que luego almacenan en los pulmones, al igual que tú cuando contienes la respiración al bucear.

Pero la inmensa mayoría de los peces tienen que permanecer sumergidos, porque el agua es precisamente su fuente de oxígeno.

El aire que respiramos contiene alrededor de un 21 % de oxígeno, pero en el agua sólo hay un 0,5 % de oxígeno en disolución. Eso hace que el organismo del pez se vea obligado a concentrarlo con la finalidad de tener el suficiente para sobrevivir. Pero no sólo eso, sino

Un pez no debería estar fuera del agua...

Detestan ir de paseo...

... les importan un comino los restaurantes elegantes...

que, además, el agua es mil veces más pesada que el aire y cincuenta veces más viscosa, lo que complica una barbaridad el proceso de obtención de la minúscula cantidad de oxígeno que contiene.

Partiendo de este dato, aún resulta más destacable que mientras que los seres humanos sólo son capaces de extraer un 25 % de oxígeno del aire que inhalan, los peces obtengan hasta un 80 % del que hay en el agua que discurre por su organismo. Así pues, los peces son mucho más eficaces extrayendo oxígeno del agua que nosotros sacando oxígeno del aire.

Veamos cómo lo hacen. Todos los peces tienen branquias, una especie de cortinas corridas. Si se descorrieran, tendrían una superficie de entre diez y sesenta veces la del propio animal. Por las branquias circula la sangre del pez.

El agua entra por la boca, atraviesa las hendiduras branquiales y penetra en el interior. Al llegar a las branquias, el agua y la sangre del animal quedan separados por una membrana finísima, de unos 0,002 mm de espesor, lo que significa que el oxígeno presente en el agua sólo tiene que cubrir esta mínima distancia para penetrar en el torrente sanguíneo del pez. La sangre oxigenada circula por las arterias hasta el resto del organismo, incluyendo el corazón, suministrando oxígeno fresco al animal.

Los peces son mucho más eficaces extrayendo oxígeno del agua que nosotros sacando oxígeno del aire.

Al mismo tiempo que la sangre absorbe el oxígeno del agua en las branquias, libera el dióxido de carbono. (Nuestra sangre transfiere CO_2 a la atmósfera a través de los pulmones, en la fase de exhalación del aire.) En los peces, esta sustancia también llega desde la sangre hasta el agua que circula por las branquias, a través de la misma fina membrana.

Vaciada de oxígeno y saturada de CO_2, el agua sale del cuerpo del animal a través de las branquias externas. Resumiendo, el pez ha repostado

... ¡y les aburre el teatro!

oxígeno y liberado dióxido de carbono sin inspirar ni exhalar.

La amplia superficie branquial le permite entrar en contacto con una gran cantidad de agua y filtrar la mayor cantidad posible de oxígeno en el torrente sanguíneo. (Por cierto, la sangre de los peces es roja como la nuestra; el color se lo dan los eritrocitos o glóbulos rojos que transportan el oxígeno a través de su organismo.)

¿Por qué suelen asfixiarse los peces fuera del agua? Muy fácil, porque las branquias se colapsan y se secan, interrumpiendo el aporte de oxígeno al organismo. No obstante, algunas especies poseen branquias evolucionadas que retienen la humedad, manteniéndose húmedas incluso expuestas al aire, y otras absorben el oxígeno del aire a través de tejidos de la cavidad bucal, la garganta o la cabeza. Las anguilas de agua dulce, por ejemplo —¡recuerda que las anguilas también son peces!—, disponen de un diseño muy ingenioso: pueden respirar a través de la piel.

¿Por qué no duermen los peces y los delfines?

La hora de acostarse de los peces loro...

¡A quién le importa si están dormidos; hay mocos por todas partes!

Nadie sabe si los peces duermen como lo hacemos nosotros, los gatos, los caballos y otros muchos animales. El sueño humano ha sido objeto de estudios científicos durante muchos años, sometiendo al sujeto a análisis electroencefalográficos (ECG) para observar las ondas cerebrales. Es así como han podido saber que el hombre pasa por diversas fases de sueño cada noche y cuándo se produce la ensoñación.

Por ahora, no parecen demasiado interesados en someter a los peces a un ECG para descubrir si realmente duermen o no. No obstante, sabemos algunas cosas. Por ejemplo, los peces de esqueleto óseo (teleósteos), como el atún, la caballa o la trucha, carecen de párpados, de manera que no pueden cerrar los ojos. Por lo demás, todos los peces dan la impresión de permanecer siempre atentos a lo que acontece a su alrededor. Pero por la noche, los peces teleósteos pasan largos períodos de tiempo apoyados en el fondo marino o en grutas.

Puedes observarlo tú mismo si tienes un acuario. «Sorprende» a tu pescadito a media noche encendiendo una luz. Algunos puede que estén reposando en el fondo, es decir, lo que se suele considerar el equivalente del sueño subacuático.

Los peces teleósteos no tienen párpados, de manera que no pueden cerrar los ojos.

A los científicos también les gusta espiar a los peces en reposo. En su libro *When Do Fish Sleep?*, David Feldman describe el ritual nocturno de un pez loro, que suele vivir en los arrecifes próximos a la costa. Por la noche, se introduce en una estrecha grieta y empieza a producir una mucosidad que forma una membrana alrededor de su cuerpo, una especie de saco de dormir tipo momia.

Una vez a salvo en su habitáculo mucoso, el pez loro entra en un estado que se podría calificar de semicoma, con los ojos abiertos, pero aparentemente sin ver, y el cuerpo casi helado. Si te aproximas muy lentamente, inclu-so es posible cogerlo sin despertarlo. (Los científicos han descubierto el mismo proceso en las ardillas hibernadoras.). Sin embargo, sigue siendo consciente del mundo que le rodea. Al menor movimiento brusco en el agua, sale disparado como una flecha.

Los tiburones, cuyo esqueleto no es óseo, sino cartilaginoso, son otra historia. La mayoría de las especies nadan constantemente, pero algunas parecen dormir, inmóviles, en cavernas submarinas o en el fondo oceánico.

Hasta ahora hemos hablado exclusivamente de peces. Pero ¿qué ocurre con los delfines? Los delfines no son peces, sino mamíferos. A decir verdad, si durmieran como nosotros —con los ojos cerrados, la mayor parte de los músculos paralizados e inconscientes de la mayoría de los sonidos—, la especie se extinguiría en un abrir y cerrar de ojos. No en balde son el bocado predilecto de los tiburones.

Para protegerse, han desarrollado el «medio sueño». Los expertos opinan que los delfines duermen y pasan por varias fases de sueño, desde el ligero hasta el profundo, al igual que el hombre, pero a diferencia de él, pueden hacerlo con sólo la mitad del cerebro. Mientras un lado dormita o sestea, el otro permanece despierto y alerta, lo que les permite nadar, ver y oír. (Incluso la parte dormida del cerebro del delfín es consciente de la imagen y el sonido.)

¿Por qué mueren algunos tiburones si dejan de nadar?

Podríamos decir que un tiburón es como un avión a reacción. ¿Por qué? Sigue leyendo y lo descubrirás.

Veamos en primer lugar algunos datos sobre este animal. Los tiburones son peces voraces que depredan otras criaturas marinas, ¡incluyendo a otros tiburones! Sus poderosos maxilares están provistos de hileras de dientes recortados, y su piel también está compuesta de finos dentículos que le permiten alcanzar considerables velocidades. Algunos son capaces de acelerar a más de 65 km/h cuando persiguen a una presa. El escualo más pequeño, el tiburón enano, apenas mide 20 cm, mientras que el de mayor tamaño, el tiburón ballena, puede alcanzar los 15 m..., ¡más largo que un autobús escolar!

Muchas de las 350 especies de tiburones están condenadas a «moverse o morir», ya que si dejan de nadar, el suministro de oxígeno se interrumpe. Estos animales funcionan de un modo parecido a un motor de avión llamado estatorreactor.

Un chorro de gas liberado a alta velocidad por la parte posterior de los motores impulsa la aeronave hacia delante. (Piensa en el chorro de aire saliendo de un globo de fiesta y te harás una idea.)

En un motor de avión normal, el aire se comprime mediante un compresor, se mezcla con el carburante en plena combustión y los gases calientes del motor se precipitan al exterior. Pero el estatorreactor aprovecha su propio movimiento de avance para que el aire penetre a gran velocidad a través de una

«TIBURONES TAHÚR»

No tan deprisa, Louie.

SIEMPRE EN MARCHA

estrecha abertura en la parte delantera del motor, comprimiéndose automáticamente, sin necesidad de compresor.

Volvamos a los tiburones. Un tiburón surcando sigilosamente las aguas efectúa una actividad aeróbica —consume una gran cantidad de oxígeno, como un atleta en plena carrera—. Para estar siempre en movimiento, su sistema respiratorio debe procesar el oxígeno entrante, y la sangre tiene que transportarlo a los músculos y demás órganos que lo necesitan.

Los tiburones, al igual que otros peces, obtienen el oxígeno del agua, no del aire. Para ello, disponen de branquias en forma de arcos situadas a ambos lados del cuerpo. Detrás de los arcos están las hendiduras. El agua penetra en ellas, casi siempre por la boca, y fluye hasta las branquias, donde se extrae el oxígeno, que pasa al torrente sanguíneo. El agua desoxigenada retorna al océano a través de las hendiduras de las branquias. (Para más información sobre las branquias, véase p. 90.)

TIBURONES USUREROS

No tan deprisa, chiquitín.

SIEMPRE EN MARCHA

TIBURONES ASESINOS

¡Hoy toca comida rápida!

SIEMPRE EN MARCHA

Algunas especies de tiburón poseen branquias muy musculadas que bombean rítmicamente el agua hacia dentro y hacia fuera, suministrándoles todo el oxígeno necesario incluso cuando reposan en el fondo marino. Estos tiburones no necesitan nadar constantemente para sobrevivir.

También hay especies que funcionan como estatorreactores. El movimiento de avance obliga al agua a pasar a través de la boca y las branquias. Estos tiburones, como el blanco y el mako, tienen que nadar para mantener un flujo constante de agua oxigenada. Si se detienen, se asfixian lentamente.

Otros usan un práctico método mixto. El tiburón gris pasa del modo estatorreactor, a velocidad de crucero, al bombeo muscular cuando se detiene para descansar.

Para muchos tiburones, también rige el principio de «nadar o hundirse». Al ser más densos que el agua, tienen que nadar para mantenerse a flote. Si dejan de hacerlo, se hunden, se hunden, se hunden...

Si las ballenas no pueden andar, ¿por qué tienen caderas?

Oda a las caderas de las ballenas...

Nunca verás a una ballena contoneando las caderas por la calle...

enfundada en unos ceñidos vaqueros de tiro corto...

ni con minifalda, luciendo unas piernas largas y esbeltas.

Imagina el nacimiento de la vida en el agua hace miles de millones de años. Con el tiempo, evolucionó desde simples aglomerados celulares hasta criaturas de verdad: peces y otros animales marinos con cerebro y corazón.

Pero hace unos 370 millones de años sucedió algo que cambiaría el mundo para siempre. Los animales que habían desarrollado unos pies rudimen-

tarios empezaron a pasar más tiempo en tierra firme. Seguían pareciendo peces, ¡pero la suerte estaba echada! Durante millones de años continuaron evolucionando como animales terrestres.

Quien más quien menos suele pensar en la vida emergiendo del océano, evolucionando en una sola dirección: de húmedo a seco. Pero muchas especies que evolucionaron como animales terrestres, tales como los anfibios (las ranas, por ejemplo), acabaron pasando una buena parte del tiempo en el agua.

Sin embargo, con la ballena se produjo un cambio de dirección radical. Sus antepasados procedían del océano, como todos los animales terrestres, pero a medida que fueron evolucionando, se desplazaron hacia el mar y permanecieron allí, ya que les era más fácil encontrar alimento.

¿Cómo lo sabemos? Algunas de las ballenas actuales poseen lo que los científicos llaman caderas «vestigiales» y huesos de extremidades inferiores del tamaño de los dedos humanos. Un «vestigio» es una señal que queda de algo. Así pues, las caderas vestigiales son las señales que quedan de unas grandes articulaciones de las caderas. En efecto, los antepasados de nuestras ballenas tenían caderas y patas. Por lo tanto, caminaban.

Los científicos que estudian la evolución siempre andan en busca de fósiles de animales de transición, aquéllos cuya forma y tamaño demuestra que eran el punto medio entre los animales modernos y sus ancestros. Algunos de los antepasados más remotos de las ballenas caminaron sobre cuatro patas, si bien hasta hace poco no se había podido encontrar fósiles de una «ballena terrestre», el eslabón perdido en la cadena evolutiva de los grandes cetáceos.

En los años noventa, en Pakistán, se descubrió el fósil de una ballena con patas, de 50 millones de años. Medía 3 m de longitud y debía pesar entre 250 y 300 kg. Tenía la dentadura aserrada, patas delanteras cortas, una larga cola y largas patas traseras, con unos pies enormes.

Junto con otros fósiles más jóvenes, el hallazgo ayudó a los expertos a reconstruir el perfil de las ballenas al evolucionar desde moradores de la tierra a habitantes del océano. Probablemente eran mamíferos carnívoros que se desplazaban sobre cuatro patas con unos andares torpes semejantes a los del león marino, nadando como nutrias y alimentándose de peces.

Las ballenas se alimentaban mejor en el océano.

Poco a poco, las extremidades de las antiguas «ballenas terrestres» se fueron debilitando. ¿Por qué? El fósil de una ballena de 40 millones de años tenía unas patas traseras más diminutas e inservibles que las de su antepasado de 50 millones de años. En ese momento, el animal ya debía pasar todo el tiempo en el agua.

Los cetáceos actuales empezaron a aparecer hace unos 30 millones de años. Las grandes colas sustituyeron a las minúsculas patitas, desarrollando un sistema auditivo adaptado a la comunicación y navegación subacuáticas.

¿Es verdad que las ballenas cantan?

La vida en el océano es diferente de la vida en tierra firme. Sumérgete e intenta oler una naranja o ver más allá de un par de metros en cualquier dirección. Los animales que viven en el agua tenían que desarrollar distintas formas de percibir el mundo que los rodeaba que no fuesen el olfato o la vista. Una de ellas fue el sonido.

Los cetáceos poseen un amplio repertorio de sonidos que usan para comunicarse y para orientarse en las oscuras profundidades marinas. Pero sólo algunas ballenas «cantan». Los cetáceos se dividen en dos grupos según su dieta alimenticia: odontocetos (con dientes) y mistacocetos (con barbas).

Los del primer suborden son más agresivos, e incluyen a los cachalotes y las orcas, y se alimentan como los grandes felinos de la selva, cazando y capturando a sus presas, desde pequeños

Mi primera canción se titula...

peces hasta pulpos y leones marinos, que engullen enteras.

Los del segundo suborden son las ballenas, como la gigantesca ballena azul y la yubarta cantarina. Para nutrirse, nadan cerca de la superficie con la boca abierta y atrapan pequeñas plantas y animales con las barbas interiores.

El mar está turbio incluso de día, y muchos cetáceos dentados viajan y cazan de noche. ¿Cómo lo hacen? Al igual que los murciélagos volando en un oscuro granero en plena noche, algunos cetáceos envían ondas sonoras —una especie de cliqueteo— y escuchan su eco. Cuando el sonido choca con algo en el agua (una roca, un pez, etc.), rebota y regresa al punto de origen.

Los oídos normales no dan resultado bajo el agua. Las ondas acústicas, que no son sino vibraciones del aire, hacen vibrar los tímpanos. Pero una onda transportada por el agua hace vibrar todo el cráneo. De ahí que cuando las ballenas se convirtieron en criaturas marinas, sus canales auditivos evolucionaron hasta quedar reducidos al tamaño del ojo de una aguja. No obstante, siguen teniendo tímpanos. Lo que ocurre es que el sonido llega hasta ellos siguiendo otra ruta, desde los maxilares o la frente y a través de una capa de aceite.

Las ballenas también emiten sonidos haciendo chocar los maxilares y las aletas de la cola.

Además de los cliqueteos, que suelen producir en largas secuencias, los cetáceos se comunican mediante silbidos y gorjeos. (La beluga o ballena blanca gorjea tanto que se la conoce como «canario de mar».) También emiten sonidos con los maxilares y la aletas gemelas de la cola. Algunos son tan ensordecedores como los de un martillo hidráulico perforando una acera.

Las ballenas también cliquetean, gorjean, chirrían y silban, aunque son famosas por sus lamentos de baja frecuencia. Entre las yubartas macho, estos aterradores lamentos pueden adoptar la forma de «melodías», que pueden durar más de una hora. Los científicos los denominan «canciones» porque tienen ritmo, estructura y frases repetitivas. Sólo las ballenas jorobadas (yubartas) cantan.

Los expertos que han grabado y analizado estas melodías dicen que si fuese posible traducirlas en un lenguaje constituido por diversos tonos, algunas contendrían la cantidad de infor-

mación que puede haber en un libro corto. Algunos sonidos son demasiado graves para nuestro oído; otros deben reproducirse a una velocidad muy baja para poder percibirlos. Las ballenas que nadan en una determinada región oceánica cantan la misma melodía, aunque cada una varía el número de frases. Los cetáceos recuerdan y cambian sus canciones según la estación.

Nadie sabe por qué cantan las ballenas o qué significan sus «melodías». Unos dicen que los machos las usan para delimitar sus aguas territoriales o que forman parte del ritual de aparea-miento, aunque sólo son interpretaciones humanas de un mundo que ni siquiera hemos empezado a comprender.

¿LO SABÍAS?

Cuando más cantan las yubartas es durante la estación del apareamiento. Sus melodías pueden oírlas otras ballenas desde 200 km de distancia.

¿Para qué les sirve la electricidad a las anguilas eléctricas?

Ante todo, debes saber que una anguila eléctrica no es realmente una anguila. La anguila propiamente dicha es un pez parecido a una serpiente con aletas, mientras que la anguila eléctrica es otro tipo de pez, aunque tiene forma de anguila —un zepelín tiene forma de balón de rugby, pero son dos cosas distintas—. Las anguilas suelen ser inofensivas, pero las eléctricas pueden darte un buen calambrazo.

Las anguilas eléctricas pertenecen a una de las 500 especies de peces eléctricos, entre los que figuran el pez gato y las rayas.

¿Qué utilidad tiene para ellas la electricidad? Imagina que eres una anguila eléctrica —si eres un buen ejemplar, podrías medir 2,7 m de longitud y pesar 20 kg—. El agua en la que vives es turbia, está llena de escombros flotantes. De manera que

Anguilas eléctricas en casa

¡Pégale otra vez a tu hermana y te convertiré en un ALARGO!

tu visión es muy reducida, aun de día.

¿Cómo te las arreglarás para orientarte? Cada especie ha desarrollado su propio método. Los murciélagos vuelan en la oscuridad emitiendo señales y escuchando su eco al chocar con los objetos que encuentran en su camino. Asimismo, las anguilas eléctricas se desplazan por las aguas oscuras valiéndose del campo eléctrico que producen.

En efecto, el campo eléctrico, que emite constantes pulsaciones a su alrededor, varía al chocar con un objeto que conduce la electricidad de un modo distinto al agua (un pez, una planta, una roca, etc.), y las células cutáneas de la anguila detectan la presencia de algo que lo perturba. Así pues, este animal es capaz de percibir cualquier objeto del entorno incluso en la oscuridad.

Este sexto sentido proporciona a los peces eléctricos una ventaja sobre las demás criaturas marinas, que deben confiar en la vista, el oído, el olfato, el gusto y el tacto. Por ejemplo, cualquier pez eléctrico puede detectar una varilla de cristal de 2 mm de grosor enterrada en el fondo oceánico sin verla ni tocarla, simplemente percibiendo las perturbaciones de su propio campo eléctrico.

Las anguilas eléctricas poseen un conjunto de órganos eléctricos a lo largo de la cola ($^4/_5$ de la longitud total del animal, o sea, de 1 a 2 m), formados por músculos modificados. Nuestros músculos (bíceps, tríceps, etc.) se contraen mediante minúsculos impulsos eléctricos. Los órganos eléctricos de una anguila se componen de fibras musculares diseñadas en sus orígenes para la actividad natatoria. Con los siglos, la evolución las dotó de electricidad para poder emitir impulsos.

Una anguila enojada puede emitir una descarga de más de 500 voltios, suficiente para dejar inconsciente a un ser humano o iluminar brevemente una estancia llena de bombillas.

Estas fibras no se contraen como nuestros músculos o los de los peces corrientes, pero generan electricidad. Estas «electroplaquetas» no son alargadas, como las células musculares ordinarias, sino en forma de plato, disponen de neuronas en un extremo, como los botones del ánodo de las pilas, y están dispuestas en hileras, como las baterías conectadas en serie. La anguila suele tener unas 700.000 en la cola. En estado de reposo, emite entre uno y cinco impulsos de bajo voltaje por segundo, pero si está excitada, el ritmo se acelera (de 20 a 50 por segundo).

¿Por qué evolucionaron los órganos eléctricos? Además de permitirles detectar objetos invisibles en el agua, los órganos eléctricos actúan a modo de pistolas paralizadoras —la anguila usa fuertes descargas para aturdir o matar a sus presas— y como barrera eléctrica para repeler el ataque de potenciales depredadores que cometen el error de considerarlas un apetitoso bocado. Una anguila irritada puede emitir una descarga de más de 500 voltios a 1 amperio de intensidad, suficiente para dejar inconsciente a un ser humano o iluminar brevemente una estancia llena de bombillas.

¿LO SABÍAS?

Cuando dos anguilas eléctricas se encuentras, dejan de generar electricidad y cambian de frecuencia. De este modo, evitan las interferencias de sus respectivos campos eléctricos.

¿Cómo cambian de color los camaleones?

Imagina que tu madre te llama para cenar en un frío atardecer de otoño, pero te lo estás pasando muy bien jugando con un montón de hojas secas (rojas, doradas, verdes y marrones) y no quieres dejarlo. Cuando tu mamá se enoja y sale a buscarte al jardín, te relajas y te entierras debajo de las hojas, observando asombrado que la piel de las manos y los brazos cambia rápidamente de color, del tono carne habitual a un moteado de rojo, dorado, verde y marrón. Mientras estás agazapado, perfectamente camuflado entre la hojarasca, tu madre pasa cerca murmurando: «Ya verás cuando te encuentre...».

Tus labios, ahora anaranjados, esbozan una sonrisa. ¡No puede verte!

Ser un camaleón por un día suena divertido, pero ¿cómo es la vida real de este animal? Quizá estés familiarizado con el típico camaleón pequeño y verde que venden en las tiendas de animales de compañía, pero lo cierto es que hay otras 84 variedades. Muchos viven en Madagascar, una enorme isla de la costa oriental de África. Otros, en el continente africano, la India, Pakistán y sur

Camaleones profesionales

Carteristas

de España. Algunas especies sólo miden 2 cm de longitud; otras, 60 cm o más. Con su lengua larga y rápida como una saeta atrapan toda clase de insectos y arañas, incluso escorpiones. Los de mayor tamaño también se alimentan de pájaros y pequeños mamíferos.

El camaleón tiene unas células cutáneas especiales —cromatóforos— que contienen una amplia gama de pigmentos que les permiten cambiar total o parcialmente el color del cuerpo. El

Camaleones profesionales

Policía secreta

organismo de este animal segrega hormonas que se encargan de redistribuir el pigmento a través de los cromatóforos.

Eso significa que los camaleones tienen la extraordinaria capacidad de camuflarse perfectamente en su entorno, adoptando el verde exacto de las hojas o el marrón del tronco de un árbol. Los escorpiones no detectan a su enemigo hasta que es demasiado tarde para escapar. De igual modo, un lemur puede seguir saltando de rama en rama sin darse cuenta de que tiene la cena —un camaleón— a su alcance.

¿Has visto alguna vez un anillo de los sentimientos? Se hicieron muy populares a finales de los sesenta y cambiaban de color con el calor corporal, reflejando supuestamente las emociones del usuario. Los camaleones son anillos de los sentimientos en estado natural, o mejor, lagartos de los sentimientos. Los camaleones pantera malgaches cambian su verde habitual por una gama de tonalidades estridentes antes de entrar en combate, como los casacas rojas británicos en la guerra de la Independencia estadounidense. Cuanto más se irritan, más vivos son sus colores, una exhibición intimidatoria ante un potencial enemigo. (Cuando algunos camaleones se sienten amenazados, la piel adopta un diseño de flecha.)

El camaleón tiene la extraordinaria capacidad de camuflarse en el entorno.

En la temporada de celo, cambian de color para atraer o repeler a sus potenciales parejas. Una hembra habitualmente marrón puede volverse anaranjada para indicar que está lista para aparearse. Cuando se une a un macho, su piel se mancha de negro y anaranjado; un aviso de «ocupada» para otros machos interesados.

Los cambios de temperatura también provocan cambios de color. Los camaleones pueden usar el color para regular su temperatura corporal. Adoptando un tono más oscuro, absorben más calor, mientras que virando a una tonalidad más clara, lo reflejan y se enfrían. (El principio es el mismo que cuando utilizamos prendas blancas en lugar de negras en verano.)

Si fueses un camaleón humano, estarías harto de demostrar tus emociones en colores. Si ya es bastante engorroso ruborizarse en presencia de alguien que nos gusta, imagina lo que supondría anaranjarte de pies a cabeza, como si se tratara de una señal internacional de incomodidad. Puestos a elegir, la mayoría de la gente preferiría dejar los cambios cromáticos a los lagartos.

Camaleones profesionales

...¡Lagartos hambrientos!

¿Cómo pueden volar hacia delante y hacia atrás los colibríes?

Es probable que los colibríes estén cansados de que los llamen «helicópteros de la naturaleza», pero eso es lo que son, aunque teniendo en cuenta que los colibríes aparecieron antes, sería más apropiado decir que los helicópteros son colibríes tecnológicos. Del mismo modo que un helicóptero puede efectuar maniobras que ridiculizan a cualquier avión, los colibríes son capaces de describir círculos alrededor de las demás aves, hacia delante, hacia atrás ¡e incluso del revés!

Para quienes no hayan visto jamás un colibrí, he aquí algunos datos. Existen más de 400 especies, la mayoría de las cuales habitan en los trópicos sudamericanos, aunque también los hay en América Central y del Norte, incluida Alaska.

El más pequeño es el colibrí abeja, de 5 cm de longitud, y el más grande, el colibrí gigante, de unos 20 cm (el tama-

¡Un colibrí haciendo aeróbic!

¡... y flap, flap, flap, flap, flap...!

ño de un gorrión grande). Todos están cubiertos de un plumaje iridiscente.

Estas aves son famosas por su largo pico, recto o curvo y fino como una aguja. El más largo pertenece al colibrí pico de espada, que mide 10 cm y es tan largo como su cuerpo, y el más corto, de 6 mm, corresponde al minúsculo picoespino de lomo violeta.

Los colibríes introducen el pico en las flores y con su lengua bífida liban el néctar. Las proteínas las consiguen engullendo diminutos insectos atraídos por la fragancia de las flores o atrapados en las telarañas.

Una persona que consumiera la misma energía que un colibrí tendría que ingerir 155.000 calorías al día, el equivalente de 1.550 bananas.

Estas aves consumen enormes cantidades de energía. Cuando están en reposo, su corazón late a un ritmo de 550 pulsaciones por minuto, y cuando realiza acrobacias aéreas, puede acelerarse hasta 1.200. Si tuvieses el metabolismo de un colibrí, tendrías que ingerir

155.000 calorías al día, el equivalente de 1.550 bananas.

El colibrí bate las alas muy deprisa, de 18 a 80 veces por segundo. (Compáralo con los buitres: 1 por segundo.) En realidad, el zumbido que emite no es sino el del batir de sus diminutas alas.

Los pájaros ordinarios sólo vuelan moviendo las alas arriba y abajo con fuerza, aunque la batida ascendente apenas equivale al 5 o 10 % de la fuerza muscular de la batida descendente.

¿Qué diferencias hay con los colibríes? Primero, los músculos de vuelo (pectorales) constituyen un tercio de su peso corporal, comparado con el 15-20 % de las demás aves. Segundo, los músculos de la batida ascendente son tan poderosos como los de la descendente. El colibrí también bate las alas para volar hacia delante, aunque realizan un movimiento de casi 180º alrededor de los hombros, muy flexibles. Ajustando el ángulo de las alas y usando sus potentes pectorales, el colibrí puede desplazarse hacia arriba y hacia abajo.

Si extiende la cola y efectúa una voltereta hacia atrás, también puede realizar un vuelo invertido, en el que la batida ascendente, ahora descendente, es crucial.

Por último, el colibrí es capaz de mantenerse inmóvil en el aire, con el cuerpo casi vertical y batiendo las alas adelante y atrás en una figura de ocho. Eso le permite permanecer suspendido sobre una flor mientras liba el néctar. Además, al igual que un helicóptero, puede elevarse y descender en vertical.

Por desgracia, todas estas hazañas aéreas tienen un precio. El colibrí es incapaz de planear. Eso sí, la próxima vez que veas un gorrión planeando por el cielo, no sientas lástima del colibrí, pues el gorrión no puede volar hacia atrás.

¿LO SABÍAS?

Proporcionalmente, los colibríes tienes los músculos más poderosos del reino animal. Generan 133 watios de potencia por kilogramo de peso. Los músculos de las piernas de un corredor de maratón, por ejemplo, desarrollan unos 15 watios por kilogramo.

¿Cómo saben las aves dónde está el sur?

Imagina que haces un largo viaje en automóvil. Es de noche y tomas una desviación equivocada en un cruce. No tardas en darte cuenta de que te has perdido.

Luego miras al cielo y encuentras la respuesta: la esfera brillante de una brújula, con el norte, sur, este y oeste en los cuatro puntos y una gran aguja indicando el norte. ¡Qué alivio! Das la vuelta y prosigues en la dirección correcta, guiado por el firmamento.

Lo que ha sucedido en esta migración nocturna en una carretera comarcal es una fantasía, claro, pero para las aves migratorias, orientarse de noche y en un recorrido de larga distancia es algo natural. Se limitan a leer las direcciones en el cielo, escritas con luz y magnetismo.

Al término del verano, muchas aves se preparan para volar al sur. No hacen el equipaje ni se llevan bocadillos, sino que se reúnen con otros miembros de su especie en enormes bandadas. Después de revolotear durante un rato, se posan en los cables del teléfono y del suministro eléctrico esperando el momento de partir.

Pero cuando las aves migratorias se

Los Plumíferos se van de Vacaciones...

¿Agentes de viajes...?

¿Qué te parece el Maui Hilton?

¿Información turística...?

Rutas de vuelo

Tuerzan a la izquierda en Savemore y vuelen hasta que estén agotados.

¿Boca a oído...?

Créanme, Venezuela es una delicia...

marchan al sur, no van de vacaciones. Al verlas llegar en otoño o invierno, la gente de los países meridionales las consideran «sus» aves, al igual que nosotros.

Nadie sabe por qué algunas aves migran y otras no. En las regiones frías, el alimento escasea en invierno, pero algunas especies se las ingenian para sobrevivir, otras sólo emigran cuando la despensa empieza a estar medio vacía, y otras, en fin, lo hacen aunque haya alimento en abundancia y el invierno sea suave.

Algunas aves no van muy lejos, desplazándose de la montaña a los valles, más cálidos, pero otras efectúan viajes épicos. Inducidas por los cambios estacionales, las currucas planean sobre Maine y vuelan más de 3.000 km hasta Venezuela, en América del Sur, volando sin parar; no se detienen ni siquiera para beber. (Y pesan menos de 15 g, plumas incluidas.)

¿Cómo se orientan las aves al cubrir distancias tan largas un año tras otro? Según los científicos, las aves usan tres métodos para encontrar el camino a sus hogares invernales o estivales: la observación de señales de navegación (constelaciones, etc.); la luz solar, que determina la posición exacta del astro rey; y la captación del campo magnético terrestre, como una bandada de centenares de miles de brújulas volantes.

Una parvada de aves surcando silenciosamente el cielo en una noche sin luna es como la tripulación de un barco en alta mar observando las estrellas. Los expertos dicen que es probable que las aves utilicen la Osa Mayor y la Osa Menor para determinar el norte y el sur, al igual que el hombre. Teniendo en cuenta que la mayoría de aves migratorias viajan de noche, deben de ser excelentes astrónomos.

Claro que algunas noches el cielo está nublado y oculta las estrellas. ¿Qué hacen entonces? ¡Muy simple!, por lo menos para ellas. La Tierra es un imán gigantesco con líneas de campo magnético que parten de los dos polos. Por lo que parece, los pájaros pueden percibirlas e incluso verlas, lo que les permite, amén de otras claves, avanzar en la dirección correcta.

¿Cuáles son esas claves? Recientemente, los científicos han descubierto

Cuando las aves llegan a sus hogares del hemisferio sur, los residentes las consideran «sus» aves, al igual que nosotros.

que durante el día las aves migratorias usan la luz solar para orientarse. ¿Cómo? La luz está «polarizada» por moléculas de gas en la atmósfera —polarizada significa que la luz vibra en una sola dirección, en un plano—, y las aves pueden verla como una banda en el cielo si hace un día despejado. Al ponerse el sol, la banda se halla en posición norte-sur. Según parece, los pájaros le echan un vistazo para orientarse antes de emprender el vuelo.

¿LO SABÍAS?

Los científicos denominan «rutas de vuelo» a los trayectos migratorios de las aves, pues son casi tan precisos como los mapas de carreteras. Diversas rutas de vuelo cruzan los cielos de Estados Unidos, incluyendo una que discurre por la costa Este y otra por la costa Oeste.

Vacaciones invernales

Unos dos tercios de las especies avícolas que anidan en los bosques orientales de Estados Unidos viajan al sur en invierno, a México o América del Sur. Su destino final suele ser una selva pluvial. Pero la tala de árboles para la industria maderera o para disponer de espacio para la cría de ganado hace que cada año haya menos selva. México, por ejemplo, arrasó 600 millones de hectáreas anuales de bosque durante la década de los ochenta.

Es muy difícil contar las aves y saber cuántas sobreviven cada año, aunque el número de aves migratorias parece estar menguando en todo el mundo a un ritmo de un 1 % anual, es decir, que de cada mil aves del año pasado, éste habría diez menos. Entre las especies amenazadas figuran el chotacabras, el tordo, la oropéndola y la tanagra roja, junto a otras 53 especies de aves norteamericanas.

Salvar las selvas tropicales es vital por muchas razones. Los árboles purifican el aire de dióxido de carbono y suministran oxígeno. La mayoría de los árboles que quedan en la Tierra viven en las selvas ecuatoriales. Si se acumula demasiado dióxido de carbono en la atmósfera, el planeta retiene más calor, creando un «efecto invernadero». La elevación térmica puede perturbar los sistemas de agua y fundir los glaciares polares, provocando inundaciones en algunas regiones y sequías y hambrunas en otras.

El efecto invernadero puede parecer difícil de comprender, pero es fácil imaginar una bandada de aves cansadas y hambrientas —las que han sobrevivido a la migración al sur— encontrando sus hogares arruinados. Salvar las selvas pluviales nos asegurará no quedar condenados a «primaveras silenciosas» sin aves en el norte.

¿A qué se debe el extraordinario colorido de las alas de las mariposas?

Me encanta el color del centro, ¡pero las bermudas me aterrorizan!

Si comparas una mariposa con un perro, rebosa exotismo. Las alas de las mariposas son como una paleta de pintor, a menudo iridiscentes, que brillan como una mancha de agua cubierta de aceite en una carretera. Alas azul marino con líneas de puntitos blancos y pinceladas anaranjadas; alas con un mosaico de marrón, amarillo y turquesa; alas con rayas negras y amarillas como un abejorro. Imagina una combinación cromática y seguro que existe una mariposa que la luce.

Eso se debe a que hay más de 12.000 especies de mariposas en nuestro planeta. Las mariposas y las polillas forman un único grupo de insectos llamados lepidópteros, de los que existen más de 100.000 especies. (Aunque se suele creer que las polillas siempre son grises o marrones, muchas poseen el mismo colorido que las mariposas.) Los lepidópteros son presas muy apetitosas para miles de otros animales, desde aves y lagartos hasta murciélagos y monos.

Las alas coloreadas de las hembras llaman la atención de los machos y así nacen más crías.

¿A qué se debe el colorido de las mariposas? Además de ser hermosos, los diseños y colores contribuyen a la supervivencia de los seres vivos en la naturaleza. Las alas coloreadas de las hembras, por ejemplo, llaman la atención de los machos y nacen más crías, y los diseños corporales les permiten eludir a sus predadores o ahuyentarlos. Los colores y diseños de las alas de la mariposa la ayudan a protegerse de otros animales hambrientos, tales como las aves.

¿Cómo? Muchos autores han catalogado a las mariposas muy coloreadas de «flores volantes», pues se confunden con ellas cuando están en reposo. Además, cuando vuelan, los diseños en movimiento pueden confundir a los predadores, al igual que la silueta cambiante de una cebra a la carrera y a diferencia de la de cualquier otro animal de un solo color, que resulta fácil de distinguir.

Muchas mariposas también tienen lo que los expertos llaman «ocelos» en las alas, manchas oscuras que asombran o incluso asustan a otros animales. Cuando divisan una mariposa desde arriba, ven lo que parecen un par de ojos mirándolos fijamente.

Los pigmentos de la futura mariposa se elaboran en el organismo del insecto en estado de «pupa», la fase intermedia entre la de oruga y la de mariposa adulta, y se componen de flavonoides, sustancias químicas presentes en las plantas de las que se nutren las orugas.

Pero los pigmentos sólo son una parte de la historia. El color de las alas de una mariposa adulta también depende de la estructura de las alas: escamas traslapadas, pelos y capa aceitosa superior. Cuando la luz incide en ellas, se refracta, creando matices azules y verdes, plateados metálicos y tonalidades iridiscentes.

Al igual que el cráneo y las tibias en un producto tóxico, los colores y diseños de la mariposa también pueden actuar a modo de señal de advertencia para los predadores. Un buen ejemplo lo tenemos en la mariposa monarca, negra y anaranjada.

Las monarcas hembra ponen los huevos en los algodoncillos, plantas que contienen una toxina que evitan los demás animales. Las crías («larvas») se alimentan de sus hojas, y cuando se metamorfosean en mariposas adultas, su organismo contiene el mismo veneno.

Cuando un ave ingiere una monarca, se lleva una desagradable sorpresa, vomitando violentamente. La próxima vez es muy probable que pase de largo. Al tener un aspecto tan particular, ni marrón ni gris, como muchas criaturas, es fácil identificarla como un alimento prohibido. Eso contribuye a su supervivencia.

El colorido de algunas mariposas no tóxicas imita el de las tóxicas, y aunque no contienen ningún veneno para protegerse, los predadores también las evitan por su parecido. Cuando se trata de una mariposa, la mayoría de las aves se andan con mucho tiento. ¡Más vale prevenir que curar!

Migración de las mariposas monarca

Las mariposas monarca, amarillas y negras, que revolotean en tu jardín guardan un secreto. Cada año realizan un increíble viaje de 8.000 km para invernar en regiones más cálidas y seguras, demostrando de una vez por todas que los pequeños pueden ser más fuertes y rápidos de lo que los grandes jamás podrían soñar.

En los meses de verano, las monarca llegan hasta Estados Unidos y Canadá, pero a primeros de agosto emprenden un largo viaje hacia el sur, y lo más curioso es que no todas dan por finalizado su periplo al llegar a los trópicos, sino que unas se dirigen a una región y otras a otra. Todas pasan el invierno septentrional en una zona aislada: la Sierra Madre mexicana, a unos 100 km al oeste de la capital.

Cada año, cuando soplan los vientos veraniegos del norte, centena-

continúa en la página siguiente

viene de la página anterior

res de millones de monarcas emprenden su maratoniano vuelo. Con la brisa a favor y batiendo las alas, las mariposas monarca pueden desplazarse a 60 km/h. Un ejemplar marcado por los científicos recorrió 420 km en un solo día, muchísimo más que el mejor atleta de ultramaratón. Por término medio, las monarca suelen completar su viaje en 40 días.

Las que sobreviven al viaje (mueren muchísimas) llegan hasta un Shangrilah mexicano, situado a más de 2.000 m de altitud y poblado de abetos, un emplazamiento oscuro, frío y resguardado de los predadores en el que más de 300 millones de mariposas se posan en sus troncos y sus ramas, preparándose para el descanso invernal. Los pocos que han tenido la oportunidad de contemplar ese lugar, descubierto en 1975, dicen que los árboles parecen festoneados de flores anaranjadas desde la corona hasta las raíces.

En primavera (marzo), las monarca se ponen de nuevo en camino. Sin embargo, como si se tratara de un eterno viaje espacial, no serán las que partieron, sino sus descendientes las que llegarán a su destino. Las mariposas que salen de México desovan en Texas y Louisiana, y son las crías, tras pasar por la fase de oruga, las que emprenderán el vuelo hacia América del Norte y Canadá, pintando el cielo de anaranjado y negro.

¿Por qué comen lana las polillas?

Seguro que te ha ocurrido alguna vez. Abres un armario para sacar el abrigo y descubres que está lleno de agujeritos deshilachados. ¿Los culpables? Un ejército de hambrientas polillas, a las que nunca consigues ver sobre el tejido oscuro de tu prenda invernal.

Al pensar en una polilla, quien más quien menos evoca un insecto grisáceo dándose continuos porrazos contra el farol del porche en las noches estivales. Pero no todas son iguales; desde luego, las que pululan por el porche no tienen nada que ver con las que moran en el armario ropero.

De hecho, hay decenas de miles de especies de polillas en el mundo, y cada una de ellas está formada por millones de ejemplares. (Podríamos decir que vivimos en un mundo... apolillado.) Describir los métodos que han desarrollado para evitar a sus depredadores nos llevaría capítulos enteros. Algunas especies eluden a los pajarillos hambrientos permaneciendo inmóviles en la rama de un árbol, camufladas en un montoncito blanco y negro de estiércol de ave. Otras especies segregan una sustancia química que les confiere un olor nauseabundo.

Con tantas polillas compitiendo con otros animales y con otras especies del mismo género para disputarse el alimento, no es de extrañar que cada una de ellas haya desarrollado su propia dieta nutritiva. Unas se alimentan de hojas y frutos durante la fase de oru-

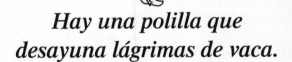

Hay una polilla que desayuna lágrimas de vaca.

ga; una especie del sudeste asiático es vampira (succiona la sangre de los animales); y otra, incluso se nutre de la supuración de las glándulas lacrimales de las reses vacunas.

Las que se pirran por la lana son las

llamadas polillas de la ropa. Son amarronadas y bastante pequeñas (6 mm). Al aire libre, comen pelo animal, lana de las ovejas, plumas, insectos muertos y polen, aunque su verdadero edén consiste en un oscuro armario ropero.

Antes de volar, la polilla es una oruga, y es ésta, y no la voladora, la que muestra una tendencia más acusada a perforar las prendas de lana. Algunas orugas construyen un capullo con hebras de seda para poder alimentarse en paz, ocultando el orificio, que se va ensanchando.

Las hembras ponen entre 100 y 300 huevos blancos en la ropa, que tardan una o dos semanas en eclosionar. Las minúsculas orugas, o larvas, empiezan a comer con un apetito voraz, desarrollándose rápidamente y metamorfoseándose en polillas aladas. A las polillas les disgusta la luz y se refugian en los rincones del armario cuando notan que la prenda que constituye su despensa se mueve. Las adultas viven de una a cuatro semanas. Al igual que las mariposas, muchas polillas liban el néctar de las flores cuando tienen alas y alcanzan su máximo desarrollo.

Las polillas se sienten atraídas por la suciedad y el sudor. La lana no es siempre su bocado predilecto.

Una forma de ahuyentarlas es limpiar la ropa con regularidad, ya que se sienten atraídas por la suciedad y el sudor. La lana no es siempre su bocado predilecto. Para repelerlas mucha gente usa bolas antipolillas, que suelen ser blancas y están impregnadas de sustancias químicas aromáticas (naftalina, etc.). El problema consiste en que también son muy tóxicas, y la inhalación de sus vapores puede dañar los ojos, los riñones y la vejiga.

Pero también existen fórmulas no tóxicas, como la madera de cedro, por ejemplo, que es muy fragante —de ahí que los armarios y cómodas de cedro sean ideales para guardar las prendas de lana— o las pequeñas bolsitas con hierbas secas (eucalipto, lavanda, etc.).

¿LO SABÍAS?

Muchas veces culpamos a las polillas de los agujeritos en la ropa practicados por otros insectos, como por ejemplo, las cucarachas de las alfombras.

¿Adónde van las chinches cuando llega el frío, reapareciendo como por arte de magia al subir la temperatura?

Por desgracia, muchos insectos no sobreviven al frío invernal. Otros, sin embargo, han ideado ingeniosos sistemas para llegar indemnes hasta la primavera.

Las moscas, sin ir más lejos, se ocultan en los recovecos de la casa y sólo vuelan en las tardes de invierno cuando la temperatura es moderada.

Los mosquitos, al igual que los osos, hibernan en invierno, buscando sitios oscuros y húmedos. En primavera, las hembras recuperan poco a poco la actividad y salen en busca de alimento (sangre fresca). Una vez saciadas, se preparan para desovar; la nueva generación de mosquitos nos hará la vida imposible en verano.

Algunas especies de mosquitos ponen los huevos en verano, los adultos mueren y los huevos permanecen aletargados durante el otoño y el invierno, eclosionando con las cálidas lluvias primaverales.

Hay insectos acuáticos que se entierran en los cauces de los lagos y ríos en invierno, y algunas cucarachas lo hacen en la corteza de los árboles. Determinadas especies de abejas se enroscan formando una bolita, usando los músculos de las alas para generar calor.

Otros insectos endurecen su caparazón quitinoso provocando un cambio químico en su composición, como las orugas del norte, que producen una sustancia similar al anticongelante para los automóviles y pueden sobrevivir incluso cuando la temperatura desciende por debajo de los -40 ºC.

Al igual que las aves, algunos insectos emigran en otoño, huyendo del frío. Es el caso de las langostas, así como de ciertas especies de mariposas, polillas, libélulas, hormigas, termitas, abejas, avispas y mariquitas.

La mariposa monarca, un bellísimo lepidóptero negro y anaranjado que habita en América del Norte en verano, es una de las migradoras más famosas (véase p. 117). Durante muchos años, se supo que emprendían larguísimas migraciones, pero no cuál era su destino invernal.

Un entomólogo llamado Fred Urquhart consagró más de cuarenta años a desvelar este misterio, diseñando un método de etiquetaje de mariposas mediante unas ligeras tirillas adhesivas que les pegaba en las alas. Persuadió a centenares de personas para que le ayudaran a seguir el vuelo de las monarca durante su periplo migratorio. Por fin, dio con su paraíso invernal en las montañas de la Sierra Madre, en México central.

Los mosquitos, al igual que los osos, hibernan en invierno.

En enero de 1975, cuando la nieve cubría el hogar septentrional de las mariposas monarca, uno de los colaboradores de Urquhart penetró en una zona

Guía de Supervivencia Invernal para Insectos...

Construya una playa para chinches en el sótano...

Calentador de agua

Vuele con sus amigos a un lugar secreto...

¡Organice una fiesta en la colmena y baile hasta la primavera!

¡Yupi!

i... este local es genial!

montañosa de 8 hectáreas y quedó maravillado ante el panorama que se abría ante sus ojos: más de mil árboles cubiertos desde el extremo superior de la copa hasta la base del tronco de un tapiz de monarcas medio dormidas. Había tantas amontonadas que algunas ramas habían cedido bajo su peso. El enigma estaba resuelto.

¿LO SABÍAS?

En invierno, las abejas pueden agotar los 15 kg de la miel que suelen almacenar en sus colmenas.

¿Cuántos ojos tienen las moscas?

En el oftalmólogo...

¿Está enfocada o desenfocada la galleta?

Empiece por la línea de arriba, debajo de la superficie del agua.

Desengáñate, Pepe, ¡las lombrices no pueden llevar lentes de contacto!

Doctor, eso es la cola.

La vida en la Tierra depende del sol, cuya intensidad luminosa equivale a 4 billones de billones de bombillas encendidas. No es, pues, de extrañar que casi todos los animales perciban su luz. Pero no todos tienen dos ojos como nosotros. De hecho, los órganos visuales son tan diversos como los copos de nieve.

Las especies capaces de verla tienen algo en común: células sensibles a la luz (fotorreceptores). Algunas lombrices, por ejemplo, la perciben a través de la piel, mediante una célula nerviosa provista de un terminal especializado para captarla.

Otros animales, incluyendo el hombre, disponen de órganos especializados, los ojos, destinados no sólo a percibir la luz, sino también a regularla. El ojo humano está provisto de una pequeña abertura, llamada pupila, que cambia de tamaño, dejando entrar una mayor o menor cantidad de luz, al igual que el diafragma de una cámara fotográfica. Asimismo, el párpado, que se abre y se cierra, puede cerrarse por completo, a modo de pantalla, cuando la intensidad de la luz es excesiva.

Los ojos de la mayoría de los vertebrados (animales con columna vertebral), artrópodos (arañas, cangrejos, etc.), algunos moluscos (pulpos, calamares, etc.) y ciertas lombrices permiten que el animal tenga una imagen del entorno en forma de imágenes bien definidas; pero otros, como determinadas especies de lombrices, sólo perciben la luz y la oscuridad; no pueden «ver» imágenes.

La mayor parte de los insectos adultos poseen un par de ojos compuestos y facetados, como un mosaico. Cada faceta es una lente. La mosca común, por ejemplo, tiene 4.000 en cada ojo. Cuando una mosca mira una flor, cada faceta ve una mínima parte de la misma, y su cerebro se encarga de combinar los miles de imágenes para componer la imagen completa de la flor, como si se tratara de un rompecabezas.

A diferencia de nuestros ojos, los de la mosca ocupan una gran parte de su cabeza. En muchos machos, sus ocelos son tan enormes que se unen en medio de la frente. Y por si fuera poco, casi siempre están provistas de tres ojos simples adicionales en la parte superior de la cabeza.

Con un ojo compuesto, la definición de los objetos aumenta con la proximidad. Si sostienes algo demasiado cerca de los ojos, se desenfoca, pero si fueras una mosca, sólo lo verías con la máxima claridad al posarte en su superficie.

Algunas moscas tienen tres ojos simples en la parte superior de la cabeza.

Los ojos de los lagartos también son inusuales. Además de dos ojos diseñados especialmente para ver a distancia, algunas especies poseen un tercero en la parte superior del cráneo, que percibe la luz y la oscuridad, pero que es incapaz de captar imágenes.

La estructura ocular del «pez de cuatro ojos» de América Central es muy curiosa. En realidad sólo tiene dos, aunque están divididos horizontalmente por una membrana de tejido. La mitad superior está adaptada para ver fuera del agua, en la superficie, y la interior, bajo ella. Suele nadar justo por debajo de la superficie, con los ojos superiores fuera del agua a modo de periscopios.

¿Cómo se cogen los piojos y cómo se eliminan?

Los piojos son parásitos que succionan la sangre de otros seres vivos (¡vulgares «gorrones»!), al igual que los vampiros. De por sí, el término «piojo» expresa suciedad, repugnancia; no en balde, a los adanes desastrados que no se duchan ni cuando llueve se les suele calificar de «piojosos». Los piojos infantiles, los que suelen coger los niños, son lisos, tienen el tamaño de una semilla de sésamo, están provistos de minúsculas garras y deambulan entre los pelos como un animal por la selva. Provocan irritación y picores en el cuero cabelludo y la sola idea de tenerlos nos revuelve el estómago. (También se pueden tener en el resto del cuerpo; les encanta refugiarse en la ropa interior.)

Los piojos se sienten tan a gusto en

Piojos por la noche...

¿Qué te parecería un viaje en perro hasta aquel tipo pecoso que estuvimos masticando la semana pasada?

una melena limpia como una patena como en otra que lleve semanas sin lavar, ya que son exclusivamente hemófagos y les traen sin cuidado los restos de suciedad. Perforan el cuero cabelludo y succionan la sangre, valiéndose de su aguijón para practicar un orificio en la piel, al igual que los mosquitos.

La hembra adhiere los huevos a los pelos, cerca de la raíz. Los minúsculos huevecillos tienen una consistencia cerosa.

¿Cómo se cogen los piojos? Son insectos trepadores que se propagan desde una cabeza infectada a otra sana cuando los niños comparten las gorras, los peines y los cepillos; cuando los sombreros y las gorras están amontonados en el armario ropero; y cuando los chiquillos se golpean la cabeza entre sí, usan los mismos auriculares para escuchar música o duermen en las mismas camas.

El ser humano no es el único que se infecta de piojos. Hay más de 400 especies de piojos succionadores en nuestro planeta, y les gusta la sangre de innumerables animales (vacas, cerdos, caballos, perros, etc.).

También existen unas 3.000 especies de piojos masticadores, que, como su propio nombre indica, mastican en lugar de chupar. Se pirran por las escamas secas de la piel, la sangre seca y pelos sueltos de sus víctimas, entre las que figuran los gatos, los perros y las ratas. Algunas especies masticadoras moran en las aves (palomas, gallinas, etc.), ocultándose entre el plumaje. Hay una especie que se acomoda en la bolsa de la garganta de los pelícanos.

La hembra del piojo de la cabeza adhiere diminutos huevos blancos a la raíz del pelo.

Los peces también cogen piojos; existen más de 120 especies que son acuáticas y pueden medir más de 2 cm de longitud. Los piojos de los peces tienen ojos compuestos y ocho extremidades adaptadas a la natación. Algunos son auténticos nadadores olímpicos, mientras que otros sólo «migran» para desplazarse hasta su siguiente víctima.

Tampoco son infrecuentes los piojos de los libros y de la corteza de los árboles, y de vez en cuando se oye hablar de plagas de piojos de la uva que arruinan los viñedos.

Teniendo en cuenta lo «piojoso» que es nuestro mundo, no es de extrañar que haya tantos niños infectados. ¿Qué deben hacer los adultos en ese caso? Primero, usar un champú insecticida especial para estos bichos; lo encontrarás en cualquier droguería o supermercado. Conviene elegir un producto que contenga permetrina, una fórmula sintética de una sustancia química presente en los crisantemos, y seguir las instrucciones del frasco. (Los champúes que contienen lindano, un poderoso pesticida, pueden ser perjudiciales, y los estudios han demostrado que tampoco dan buenos resultados.)

Después del tratamiento antipiojos es importante eliminar los huevos antes de que eclosionen. Ésta es una tarea para papá o mamá. Separad pelo a pelo, buscando los huevecillos blancos pegados a la raíz, y arrastradlos con un peine. A veces, no hay manera de conseguirlo. En tal caso, no quedará otro remedio que arrancar ese pelo en cuestión. Tranquilos, vuelve a crecer.

Acto seguido, sumergid el peine en alcohol y lavad las prendas de vestir y la ropa de cama con agua y jabón —el agua, cuanto más caliente, mejor—. Por último, pasad el aspirador por los muebles y... ¡adiós, piojillos!

¿LO SABÍAS?

A diferencia de lo que suele creerse, los piojos del pelo no saltan ni vuelan; sólo se arrastran sobre sus seis patas.

¿Por qué tienen las orejas tan grandes los elefantes?

Cuando ves un gran elefante, ¿qué es lo primero que te llama la atención? Probablemente su larga trompa en lugar de una nariz, como una manguera animada. Y ¿luego? Tal vez sus enormes orejas ondeantes. ¡No es de extrañar que Dumbo pudiese volar!

Pero los gigantescos pabellones auriculares de Dumbo sólo son propiedad de una especie de elefantes: el africa-

no. También los hay en la India, y sus apéndices son bastante más reducidos.

Cualquiera que sea su tamaño, los elefantes son los mamíferos más grandes que viven en tierra firme, y de no ser por algunas ballenas, también lo serían de todo el planeta.

Habitan en África, la India y Ceilán, además de otras regiones de Asia. Su colosal cabeza les permite disponer de un cerebro inteligente y muy sensible a

¿Tiene las orejas caídas?
¿Se bambolean de un lado a otro?

¿Puede hacerles un nudo?
¿Puede hacerles un lazo?

Écheselas al hombro, como si fuera un soldado.

¿Le cuelgan demasiado las orejas?

las emociones. Son animales nómadas, que viven en manadas de 25 o más ejemplares, viajando cientos de kilómetros en busca de alimento (hierba, hojas, fruta y frutos secos). Cada 18 horas, el elefante tiene que ingerir entre 250 y 300 kg de comida, hoja a hoja, fruto a fruto, y regarlo con 75-150 litros de agua al día.

¿Pendientes?

Además del tamaño auricular, existen otras diferencias entre los elefantes. La piel del africano está arrugada, mientras que la del indio es más tersa; el africano tiene dos «dedos» en el extremo de la trompa, como nuestro pulgar e índice, y los usa para coger objetos, mientras que el indio sólo tiene uno y necesita curvar la trompa para aferrarlos.

Pero volvamos a las orejas. Las del elefante africano son inmensas y su forma es parecida a la del continente en el que vive. Cada una pesa hasta 50 kg. Los pabellones del elefante indio son más pequeños, pero aun así imponentes.

Es de suponer que con tales apéndices auditivos, el animal será capaz de percibir hasta el sonido de una hoja cayendo al suelo, ¿verdad? Pues no. Según los científicos, el oído del elefante no tiene nada de particular.

Entonces, ¿para qué le sirven sus grandes orejas? Son una versión elefantina del aire acondicionado.

Estos animales carecen de glándulas sudoríparas y no pueden sudar para enfriarse en los días calurosos. En su lugar, baten las orejas, aunque esta acción no equivale a nuestro abaniqueo, sino que los pabellones auriculares del elefante contienen una red de grandes vasos sanguíneos que se dilatan con el calor y se contraen con el frío. En los días cálidos, agitan suavemente las orejas para que el aire fresco pase sobre las venas dilatadas, enfriando la sangre que circula a través de ellas.

Las orejas del elefante africano pueden medir 2 m de longitud y pesar 50 kg.

Dado que una oreja puede medir hasta dos metros de longitud, la cantidad de sangre que se enfría al circular por el mapa de carreteras de la superficie auricular es extraordinaria, enfriando posteriormente el organismo del elefante.

¿Cómo sobreviven los camellos con poca agua o sin ella?

A diferencia del hombre, el camello se adapta a las regiones secas como la mano a un guante.

Los camellos propiamente dichos, de dos gibas, resisten los largos y fríos inviernos, y los veranos cortos y calurosos del desierto de Gobi, en el Asia central, mientras que los dromedarios, de una giba, soportan impertérritos el calor abrasador de los desiertos del norte de África y Arabia. Curiosamente, el camello hizo su aparición en los desiertos del sudoeste de América del norte, y a lo largo de millones de años se convirtió en el experto en vivir sin agua que conocemos hoy en día.

Pero el agua es esencial para toda la vida del planeta, y los camellos no pueden sobrevivir sin ella. La sangre contiene un 91 % de agua. Si se pierde, a través de la sudoración, orina, etc., y no se reemplaza, se espesa.

Eso es peligroso, ya que la circulación rápida de la sangre contribuye a enfriar el organismo. ¿Cómo? Muy fácil. Cuando el organismo transforma el alimento en energía, se genera calor, la sangre se calienta y el calor llega hasta la piel, que lo irradia al aire. ¿Resultado? El organismo se mantiene frío.

¡Uau!

Sin cubitos en la bebida...

¿Cómo sobreviven los Camellos sin agua...?

No nadando...

Pero una sangre espesa como la miel y deshidratada no llega lo bastante rápido a la piel, lo que propicia su acumulación y a veces la muerte.

Aun en el clima más frío, el ser humano sólo es capaz de vivir unos pocos días sin agua. No obstante, los camellos resisten hasta 17 días. No, las gibas no actúan a modo de cantimploras, como algunos creen, suministrando el agua acumulada al torrente sanguíneo. De hecho, están llenas de grasa.

Los camellos pueden sobrevivir hasta 17 días sin beber.

Lo que sí es cierto es que estos animales usan sus gibas (y el resto del cuerpo) en una estrategia asombrosa para la vida seca. Primero, su temperatura corporal fluctúa según la temperatura del aire, descendiendo hasta los 34 ºC por la noche y subiendo hasta los 41 ºC durante el día, cuando el termómetro marca 57 ºC en el Sahara. Al reducir la diferencia térmica entre el cuerpo y el aire, éste no calienta tanto el cuerpo del camello como lo hace en un organismo más frío como el nuestro.

Segundo, su metabolismo (la velocidad con la que el organismo «quema» el alimento) se ralentiza cuando hace calor, generando menos calor corporal. Tercero, el camello puede reciclar una parte del agua de los riñones en uno de sus cuatro estómagos y devolverla a la sangre, en lugar de eliminarla a través de la orina.

Por último, la giba es una especie de campana protectora. Bajo el sol del verano, la montaña de grasa absorbe y conserva el calor, ralentizando su paso a los órganos internos, y el calor que se genera en su interior se irradia rápidamente al aire a través de las patas.

Los camellos pueden perder entre 11 y 18 litros de agua por cada 45 kg de peso sin debilitarse. (La pérdida se produce más a través de los tejidos que de la sangre.) De cualquier modo, nadie ha dicho que estén encantados viviendo así. Después de sobrevivir durante varios días gracias al reciclaje del agua, un camello sediento puede beber 100 litros en 5 minutos.

¡Lavándose los dientes con zumo de naranja!

¿Cómo digieren la comida las vacas?

¿**A**lguna vez le has estado dando vueltas y más vueltas a una idea en la cabeza, como cuando alguien te hace una observación y no tienes una buena respuesta que darle? Se llama «rumiar», y es lo que hacen las vacas cuando comen, es decir, masticar y remasticar el alimento como haces tú con una idea.

Las vacas son rumiantes, al igual que las ovejas, las cabras, los búfalos, los ciervos, los antílopes, los camellos e incluso las jirafas. Todos tienen unos estómagos especiales para digerir la hierba y las hojas que ingieren.

La dentición de las vacas es ideal para triturar. Piezas grandes y de dorso plano en ambos maxilares, pero sólo disponen de dientes frontales en la encía inferior; la superior es una gruesa almohadilla cartilaginosa. (De ahí que tengan un aspecto tan raro cuando sonríen.) Para comer, enroscan la lengua alrededor del tallo de la hierba, la arrancan y luego la trituran entre la dentadura inferior y la encía superior.

La vaca tiene cuatro estómagos: panza, redecilla, libro y cuajar, cada uno de los cuales se encarga de una parte del procesado de la hierba y el heno que ingiere.

Primero masca el alimento para humedecerlo y después lo engulle, pasando por el esófago hasta la panza y la redecilla, donde se mezcla y ablanda; millones de microorganismos residentes en estos dos primeros estómagos inician un colosal festín, desmenuzando la dura fibra celulósica de los tallos y las hojas.

Masticar y tragar; regurgitar y volver a masticar. A eso se llama rumiar. Las vacas suelen dedicar 8 horas al día a esta actividad.

Y ahora viene lo más interesante. Al rato, la vaca regurgita una bola de alimento parcialmente digerido y lo mas-

tica un poco más. Así pues, cuando veas a una vaca masticando, no des por sentado que está mascando chicle.

Lo vuelve a tragar, a regurgitar y a mascar varias veces. El «bolo» alimenticio sube y baja continuamente. Eso se denomina rumiar, un proceso al que el animal dedica hasta 8 horas diarias.

Por último, el bolo pasa del primer grupo de dos estómagos al segundo, donde se desmenuza un poco más y luego continúa hasta los intestinos. En ese momento, el bolo está oficialmente digerido.

¿LO SABÍAS?

Las vacas pertenecen a la familia de los bóvidos, que incluye a las ovejas, cabras, búfalos y antílopes.

¿Por qué ladran los perros?

¿Te suena? Cada noche la misma historia. Un perro empieza a ladrar. El mismo de siempre, con el mismo ritmo, noche tras noche. ¡Guau, guau! Una pausa. ¡Guau, guau! Una pausa. ¡Guau, guau! Minuto tras minuto, a veces hora tras hora. La secuencia y las pausas nunca varían. ¿Estará loco el pobre animal?

Pero todos sabemos que los perros son criaturas inteligentes. Así pues, ¿por qué ladran de un modo tan recalcitrante? Y ¿por qué lo hacen cuando tienen algo que decir, como cuando un ladrón intenta forzar la cerradura de la puerta?

Los científicos que estudian la comunicación animal han descubierto innumerables vocalizaciones llenas de significado. Los perros de las praderas, sin ir más lejos, parecen ladrar para advertir a sus congéneres de que alguien se acerca e incluso de sus intenciones.

No obstante, los «perros» de las praderas no tienen nada de perros; son roedores (como las ratas) de la familia de las ardillas. De manera que de ellos no podemos extraer conclusiones sobre la conducta de los perros de verdad y de por qué ladran.

Para ello tenemos que fijarnos en el

lobo, su pariente más próximo en estado salvaje. (El segundo es el zorro.) Los expertos han descubierto que los lobos adultos casi nunca ladran, y cuando lo hacen, sus ladridos son breves y aislados. En cambio, sus crías ladran muchísimo.

Si un animal similar al lobo fue el antepasado del perro actual, entonces ¿por qué ladran tanto los perros y a menudo sin una razón aparente? Hay quien piensa que la respuesta reside en la forma en que empezaron a relacionarse con el hombre.

Los zoólogos creen que el hambre hizo que los perros lobo más dóciles se establecieran en las inmediaciones de los asentamientos humanos, donde les era más fácil encontrar su sustento diario. Con el tiempo, se cruzaron con otros, dando lugar a generaciones de perros cada vez más mansos, hasta que el hombre los introdujo en los asentamientos y los utilizó con fines domésticos.

Experimentos realizados con zorros salvajes demostraron que eran capaces de aparearse con otros menos agresivos. Veinte años después, nacieron zorros mansos, amistosos con el hombre, aunque se observaron ciertos efectos secundarios: perdieron sus orejas en punta y sus típicas vocalizaciones de zorro se asemejaban cada vez más a las de los perros domésticos.

Es bien sabido que los cachorros de cualquier especie, desde los lobos hasta los leones, son más dóciles y amistosos que los adultos. Por lo tanto, criar animales para que sean más mansos también tiende a hacerlos más cachorros, más «bebés». Eso es lo que sucedió con los zorros y lo que los científicos creen que les ocurrió a los perros lobo. Al evolucionar, se convirtieron en crías «creciditas». Y ¿qué hace una cría, aunque sea de lobo? ¡Ladrar!

A medida que los perros se volvieron más dóciles, se transformaron en crías «creciditas».

Aunque no haya peligro, los perros pueden ladrar sin motivo alguno, sólo por el gozo de hacerlo —como un juego de niños—. ¡Un cocker spaniel ladró 907 veces en diez minutos!

En fin, cuando un perrito ladrador te esté dando la lata, piensa que es un «chiquillo», échale la culpa a la evolución y dile algo así como: «¿Es que nunca vas a crecer?».

¿Cómo ronronean los gatos?

Nadie sabe a ciencia cierta cómo o por qué ronronean los gatos, pero observándolos y analizando sus sonidos, los investigadores han elaborado una buena teoría sobre el particular.

En el pasado, algunos estudiosos sugirieron que era fruto del remolino que formaba la sangre en el tórax del animal. Según decían, la sangre presentaba turbulencias como el agua en los rápidos fluviales, y esto sucedía al fluir bruscamente una mayor cantidad hacia el corazón, como cuando arqueaba el dorso o cambiaba su estado de ánimo.

¡Qué gatito tan dulce!

Purrrrrrrr*

* ¿Y la manduca cuándo?

En su opinión, el sonido de la «riada» sanguínea, ampliado por el diafragma del gato —una lámina fina y musculosa entre los pulmones y el abdomen que le ayuda a respirar y comunicarse, igual que a nosotros—, lo captaba perfectamente el oído humano.

Sin embargo, esta teoría ha sido rechazada por la mayoría de los científicos actuales. Si escuchas el ronroneo con un estetoscopio, dice el antropólogo Desmond Morris, descubrirás que no suena a «riada» de sangre, sino a una vibración, más fuerte en la garganta que en el tórax.

Entonces, ¿qué vibra? Hoy en día se suele atribuir a las falsas cuerdas vocales felinas en la laringe. Al igual que el hombre, el gato dispone de cuerdas vocales que le permiten maullar, pero también tiene un segundo grupo de cuerdas, llamadas falsas, que vibran con el paso del aire y que parecen ser la fuente de lo que conocemos como ronroneo. Algunos expertos afirman que el diafragma del gato también vibra durante el ronroneo, lo que explicaría por qué, al tocarlo, se percibe tanto en la garganta como cerca del estómago.

Purrrrrrrrr*

¡Eres el más guapo!

* Llevo 3 días sin comer, ¡estoy hambriento!

Los gatos pueden ronronear ininterrumpidamente durante varios minutos, al igual que tú cuando tarareas una melodía. El ronroneo es un sonido muy relajante. ¿Por qué lo hacen? Según Morris, el ronroneo es un pariente próximo de nuestra sonrisa.

Detrás de un ronroneo subyace una idea de tranquilidad: «No te preocupes, no te haré daño».

Sonreímos por diversas razones, señala (para mostrarnos amistosos, para que los demás se sientan a gusto, etc.), y lo mismo ocurre con el ronroneo, que es una forma de decir: «No te preocupes, no te haré daño. Acércate».

Las madres gato ronronean al corretear con sus crías, y éstas cuando acosan a un gato adulto para que juegue con ellas. Según parece, detrás del ronroneo subyace una idea de tranquilidad, de sosiego, de atenuar la angustia.

Un gato también puede ronronear cuando está cerca de otro congénere más agresivo. Le está diciendo: «No quiero problemas, ¿de acuerdo?».

Asimismo, también parecen emplear el ronroneo cuando están contentos. Siempre que una madre amamanta a sus pequeños, éstos no paran de ronronear.

En sus orígenes, el ronroneo fue una forma de comunicación, aunque con el tiempo, los gatos también adaptaron algunas de sus señales a sus amigos humanos, como por ejemplo, para demostrarles amistad, para que los acaricien o para que los dejen acurrucarse en su regazo.

Pero al igual que una persona sonriente, un gato ronroneante no tiene por qué sentirse necesariamente feliz. También puede hacerlo si está enfermo o moribundo, aunque en general es un signo de que desea estar cerca de ti. En cierto modo, es una forma gatuna de cortesía.

¡Te comería

¡Miauuu!

* ¡Ay, ay, ay...!

¿Por qué brillan los ojos de los gatos en la oscuridad?

Lo odio cuando lleva las luces de cruce.

¿**H**as visto alguna vez un gato en un callejón o en un pasillo a oscuras? Al volverse hacia la luz para mirarte, sus ojos brillan fugazmente antes de escabullirse.

Es un efecto secundario de la excelente visión nocturna de estos animales. Con el tiempo, los gatos domésticos evolucionaron hasta convertirse en cazadores nocturnos. Hoy en día, eso se ha reducido a localizar el cuenco de la comida en la cocina aunque esté a oscuras. No obstante, no deja de ser una facultad muy útil; en caso de producirse un corte en suministro eléctrico, el gato es capaz de moverse en la penumbra mucho mejor que tú y que yo.

Pero primero veamos cómo funcionan sus ojos. Cuando la luz rebota en un objeto, se refleja en la córnea, el escudo transparente que recubre el ojo, y lo enfoca. La luz se filtra en el iris, la parte coloreada del ojo, a través de una zona negra llamada pupila.

La pequeña pupila negra se amplía en la oscuridad para dejar entrar más luz, y se reduce cuando mayor es su intensidad. (Colócate frente a un espejo, a oscuras, y luego enciende la luz, observarás que tus pupilas se encogen rápidamente.) Los músculos del iris son los encargados de contraer y dilatar la pupila.

La luz que penetra en la pupila pasa a la lente, una membrana que vuelve a enfocarla. Luego, cuando el haz luminoso prosigue su viaje hasta la cámara interior del ojo, choca con una pantalla llamada retina, cuyas células nerviosas —conos y bastoncillos— envían señales al cerebro a través del nervio óptico, y el cerebro registra una imagen. Estás viendo algo. Todo este proceso se desarrolla en una fracción de segundo.

Los ojos del gato funcionan como los humanos, aunque con una diferencia: los gatos poseen un estrato celular especial en la sección posterior de los ojos, llamado *tapetum lúcidum* (en la-

tín, alfombra brillante), que refleja de nuevo la luz hacia las células de la retina, como si se tratara de un espejo. De este modo, en la penumbra, los ojos del gato captan y amplían la más leve cantidad de luz que puedan percibir. De ahí que su visión nocturna sea extraordinaria —ven todo lo que tú no ves— y que sus ojos sean tan brillantes al reflejar la luz en la noche.

Los gatos tienen un estrato celular especial en la sección posterior de los ojos que refleja la luz como un espejo hacia las células de la retina.

Aun así, tampoco pueden ver cuando la oscuridad es absoluta. En una estancia a oscuras y sin ventanas, se ven obligados a recurrir al olfato y al oído para intuir lo que sucede a su alrededor. Al desplazarse por la sala, sus sensibles bigotes rozan con los objetos, indicándole de cuánto espacio dispone para seguir avanzando.

Dado que sus ojos funcionan tan bien en la penumbra, captando el menor hilillo de luz, sería lógico pensar que el sol le deslumbrara y le dificultara la visión. No obstante, así como las

¿LO SABÍAS?

Los mayores felinos del mundo, los tigres, pueden ver seis veces mejor que nosotros en la oscuridad.

pupilas de nuestros ojos reaccionan encogiéndose y reduciendo la cantidad de luz que penetra en su interior, las del gato son muy especiales, contrayéndose hasta casi convertirse en una línea y controlando con exactitud la cantidad de luz que entra en sus ojos.

Si empiezas a cerrar los párpados ante una luz intensa, muy pronto terminas cerrándolos por completo e impidiendo que se filtre en las pupilas. Pero en los gatos, las pupilas adquieren la forma de estrechas franjas verticales, lo que les permite utilizar los párpados para ocultar una mayor o menor sección de dichas franjas, como una cortina parcialmente corrida en una ventana. Este mecanismo hace que el gato sea uno de los animales capaz de controlar mejor la cantidad de luz que penetra en sus ojos. En un día radiante, la reduce al mínimo y aun así ve a la perfección.

¿Cómo se comunican los animales sin lenguaje?

Hablamos... pero no sé si nos estamos comunicando.

Los animales, además del ser humano, han desarrollado una asombrosa lista de formas de comunicación. Pero ¿para qué se comunican? Muy sencillo. Para atraer y seducir a otros miembros de su propia especie —y para mantener alejados a otros—; para asegurar la supervivencia y la prosperidad de sus comunidades, desde las pequeñas manadas de leones hasta los inmensos hormigueros; y de algún modo, para expresar emociones, desde la tristeza a la alegría.

Los animales tienen tantas formas de comunicarse entre sí (y con nosotros) que llenaríamos un montón de libros si quisiéramos enumerarlas todas. Sin embargo, bastan unos pocos ejemplos para descubrir que sus estilos son tan asombrosos y peculiares como nuestros guiños, sonrisas, muecas y cartas de amor.

Un hombre sonriendo y ofreciendo

la mano para estrecharla se está comunicando sin palabras. Lo mismo hace la abeja cuando da vueltas sobre sí misma, en una especie de danza, indicando a sus compañeras la dirección en la que se hallan las flores que ha encontrado. Aun así, en este caso, la abeja está comunicando un mensaje más complejo.

Muchos animales se hacen señales los unos a los otros no con gestos, sino mediante las sustancias químicas que segrega su organismo. Las hormigas asustadas por un intruso emanan alarmas químicas que pueden oler otras hormigas, poniéndose a salvo o preparándose para el ataque. (Si pisas sin querer un hormiguero, quizá percibas un ligero perfume a limón, un signo inequívoco de 500.000 hormiguitas aterrorizadas.)

Algunos animales, incluyendo 500 especies de peces, usan la electricidad para comunicarse. El pez cuchillo, por ejemplo, puede ahuyentar a un rival emitiendo destellos eléctricos intermitentes: la versión piscícola de nuestras palabras de amenaza y de ira.

Como es natural, los animales también emiten sonidos. Los perros ladran y gruñen; los gatos ronronean y maúllan; los gansos graznan para mantener unida la bandada; y las ballenas cliquean, chirrían y «cantan» elaboradas melodías que pueden prolongarse durante una hora. (Véase p. 99; canto de las ballenas.)

Los animales también usan su voz para amenazar a ejemplares de otras especies (el perro ladra al aproximarse el cartero, el gato silba al perro, etc.). Los animales y los seres humanos que conviven juntos poseen su propio sistema de comunicación. Así, el gato maúlla de un modo especial cuando está hambriento y quiere que su amo le abra una lata de comida, y el perro emite un lamento muy característico cuando quiere salir a dar un paseo.

Las hormigas asustadas emiten alarmas químicas que pueden oler sus congéneres.

En diversos experimentos, los investigadores se han comunicado con chimpancés mediante un simple lenguaje de signos o símbolos en un teclado de ordenador. Con todo, el estudio de la comunicación animal no ha hecho sino empezar. La primera tarea consiste en descifrar lo que se dicen entre sí. Hasta hace pocos años, se suponía que los animales no se comunicaban, simplemente «vocalizaban».

¿Cuál es la diferencia? Imagina que entras en tu habitación y tu hermano sale de detrás de la puerta y te da un susto. Gritas. Eso es vocalizar. Pero cuando le cuentas a tu madre lo sucedido —«Manolito se había escondido y me ha asustado»—, te estás comunicando; tu mensaje contiene muchísima información.

Los científicos creen que cuando un animal advierte a otro de la proximidad de un peligro, el sonido que emite es más parecido a un grito que a una verdadera información.

Sin embargo, cuando los expertos de la Universidad de Arizona se dedicaron a escuchar todos los sonidos que emitía un animal —un perro de la pradera—, descubrieron un asombroso mundo de comunicación.

Grabaron sus agudos «ladridos» al acercarse algún predador y se dieron cuenta de que el sonido era diferente cuando se trataba de un ave rapaz o de un animal terrestre.

Luego descubrieron que los ladridos también variaban dependiendo del tipo de animal terrestre que se aproximara (un hombre o un felino, por ejemplo). Al principio, los investigadores pensaron que cada perro de las praderas tenía su propio estilo de ladrar para transmitir un mensaje de «¡Animal terrestre a la vista!».

Para verificarlo, realizaron el experimento siguiente. Primero, una persona cruzó caminando el «territorio» de varias colonias de perros de las praderas, y a continuación enviaron un perro doméstico.

¿El resultado? Todos usaron el mismo sonido para advertir de la amenazadora presencia del humano y otro distinto para alertar a sus congéneres de la presencia del perro. En otras palabras, se estaban comunicando («¡Cuidado! ¡Es un humano!» o «¡cuidado! ¡es un perro!».)

Pero eso no fue todo. Luego cada investigador caminó entre las colonias grabando las reacciones de los pequeños roedores. Cuál sería su sorpresa al descubrir que los ladridos de alerta eran distintos para cada intruso. En lugar de «¡Cuidado! ¡Es un humano!», parecían decir: «¡Cuidado con el tipo alto de chaqueta roja!» o «¡Mucho ojo con el gordito de vaqueros deshilachados!».

¿LO SABÍAS?

Los perros de las praderas se comunican variando el tono de sus ladridos. En algunas lenguas humanas, como el chino, la misma palabra tiene diferentes significados según la inflexión de la voz. Estos animales hacen lo mismo, subiendo y bajando el timbre del ladrido.

¿Por qué tantos animales están provistos de cola (y nosotros no)?

¿Cuál es el origen de la cola? Podríamos pensar en un antiguo juego cósmico de «Ponle la cola al asno» (y luego al elefante, al cocodrilo, etc.). Pero lo cierto es que su origen es marino.

Los expertos creen que la vida se inició en los océanos. Mucho antes de la aparición de los animales terrestres, ya había peces primitivos. La evolución los dotó de cola para que se desplazaran fácilmente por el agua. La cola genera un poderoso impulso hacia delante, como habrás observado si alguna vez has usado pies de pato en una piscina. Más tarde, los lagartos evolucio-

¿Por qué tiene cola el diablo...?

Para decirle a la gente adónde irán...

Para ayudarles a llegar hasta allí...

Para quitarse de encima el papeleo de la eternidad.

naron a partir de los peces, y los mamíferos a partir de los lagartos.

¿En qué consiste una cola? En los vertebrados, como los gatos, la cola no es más que una prolongación en el espacio de la columna vertebral. Con el tiempo, la cola se especializó para desempeñar una u otra función según la especie animal, mientras que en otras criaturas, como nosotros, al carecer de utilidad, experimentó una evolución invertida.

> *Los animales arborícolas, como las ardillas, usan la cola para mantener el equilibrio sobre las patas y como timón cuando saltan de rama en rama.*

Pero antes de nacer, el embrión humano repite una parte de la historia de nuestra evolución. Su desarrollo se inicia con hendiduras branquiales, como los peces, nuestros remotos antepasados, y a la cuarta semana, tiene una pequeña cola, un vestigio de sus ancestros mamíferos. Las diminutas colas crecen durante dos semanas antes de desaparecer gradualmente, dejando una formación ósea soldada en el extremo inferior de la columna, el coxis.

Los animales excavadores suelen tener una cola corta, pero los trepadores o corredores casi siempre la tienen larga (monos, ardillas, tigres, lobos, etc.).

Las especies arborícolas, como las ardillas, usan la cola para mantenerse en equilibrio sobre las patas y a modo de timón cuando saltan de rama en rama. En algunos animales, como los camaleones y el mono araña, la cola es prensil, es decir, que actúa como una mano adicional. El mono araña se sujeta de las ramas con la cola, enrollándola a su alrededor como si fuera una cuerda, y se suspende de ella.

La cola de los lagartos les sirve para distraer a los predadores, tales como las serpientes, sobre todo cuando está medio enterrado en un agujero y la agita en lo alto. Cuando un predador los atrapa, muchos reptiles sueltan la cola, lo mismo que harías tú con un maletín si te atracan. El serpenteo de la cola en el suelo confunde momentáneamente al predador, y el lagarto escapa. Más tarde, les crece otra.

El puercoespín usa la cola a modo de arma, soltando un sinfín de púas afiladas que se clavan en el hocico del predador. Algunos dinosaurios también utilizaron sus pesadas colas espinosas a modo de arma.

La cola también se puede emplear para comunicarse; algo parecido a nuestro lenguaje corporal.

Al igual que un niño saltando, la cola de un perro agitándose indica excitación. Una cola en alto puede significar: «Cuidadito conmigo, tengo malas pulgas», del mismo modo que nos erguimos al máximo para intimidar a alguien, y esconder la cola entre las patas quiere decir: «Está bien, tú ganas. Eres el jefe».

Por otro lado, los gatos mueven la cola adelante y atrás cuando están enojados, y de un lado a otro al descubrir una presa, como un pajarillo en las inmediaciones.

¿LO SABÍAS?

¡Sorpresa! El animal que tiene la cola más larga —¡hasta 2,5 m!— es la jirafa macho. Las jirafas también son los animales con el cuello más largo del mundo.

¿Cuál es el origen de los nombres largos y difíciles de los dinosaurios?

En efecto, son auténticos trabalenguas: Archaeornithoides, Dachongosaurio, Megacervixosaurio, etc., aunque bien mirado, estos nombres tan extraños parecen ajustarse a la perfección a las criaturas más raras y gigantescas que jamás hayan pisado o volado en nuestro planeta Tierra: los dinosaurios.

Inventos del Jurásico

Bibliosaurio...

¡La cara de libro la tendrás tú!

Todo empezó con el término *dinosaurio*. Un científico llamado sir Richard Owen lo acuñó en 1841, combinando dos palabras griegas: *deinos* y *sauros*. *Deinos* significa «terrible»; *sauros*, «lagarto» Y lo cierto es que algunos dinosaurios, aunque no la mayoría de ellos, eran lagartos realmente terribles.

Uno de los más feroces era el conocido Tiranosaurio rex. Este dinosaurio de cabeza grande, dientes largos y 12 m de altura es uno de los monstruos favoritos del cine. Provisto de potentes garras y asombrosas mandíbulas, atacaba y devoraba a todos los demás animales, incluyendo otros dinosaurios. Su nombre le va que ni pintado: Tiranosaurio significa «lagarto tirano».

Han sido los biólogos quienes han bautizado a los dinosaurios cuyos huesos han desenterrado a lo largo de los años. Cada cual tiene su historia.

... Entremeses-saurio...

¡Cuidado con las fiestas! ¡Es un tragón!

Algunos están relacionados con la conducta que creen que tenía el animal, como en el caso del ferocísimo Tiranosaurio. Según parece, el Oviraptor («roba-huevos»), por ejemplo, robaba y comía los huevos de otros dinosaurios; y el Segnosaurio («reptil lento»), de muslos largos, espinillas y patas cortas, quizá fue uno de los más pequeños.

> *Un científico combinó dos palabras griegas:* **deinos** *(terrible) y* **sauros** *(lagarto) para formar el término* **dinosaurio.**

Algunos nombres identifican rasgos físicos del animal, sobre todo los que los diferenciaban de otras especies de dinosaurios, como por ejemplo el Triceratops, que significa «cara con tres cuernos», uno largo sobre cada ojo y otro corto en el hocico, y el Deinonychus («garra terrible»), con largos colmillos y garras, dos en forma de guadaña.

Otros nombres identifican el lugar en el que se encontraron sus restos. El Minmi, un dinosaurio acorazado, fue descubierto cerca de Minmi Crossing (Australia), y el Danubiosaurio («lagarto del Danubio») se encontró en Austria, donde discurre ese río.

Por último, otros dinosaurios deben su nombre al de alguna persona, científico o no. El Herrerasaurio («lagarto de Herrera») era carnívoro y medía 3 m de longitud. Victorino Herrera fue el granjero que desenterró su esqueleto en los Andes (América del Sur).

Aunque sin duda todos conocemos unos cuantos dinosaurios, se han catalogado centenares de ellos, incluyendo el Abrictosaurio («lagarto despierto»),

... Autorraptor...

¡Me encantan sus pegatinas!

el Anatotian («pato gigante»), el Barapasaurio («lagarto de grandes patas»), el Chindesaurio («lagarto fantasma»), el Daspletosaurio («lagarto atemorizado»), el Fulgurotherio («bestia relámpago»), el Phaedrolosaurio («lagarto brillante»), el Seismosaurio («lagarto terremoto») y el Vulcanodón («diente de volcán»).

Te propongo algo: ¿por qué no creas, describes y bautizas a tu propio dinosaurio?

¿LO SABÍAS?

El dinosaurio de nombre más largo —Micropachycefalosaurio— era uno de los más pequeños, de apenas 50 cm de longitud. Su nombre significa «pequeño lagarto de cabeza gruesa».

¿Por qué se extinguen los animales?

¿Quién será el siguiente invitado misterioso en "Adiós a la vida"?

BUEN VIAJE

ADIÓS

Pom Pom

Todos sabemos que los animales y las personas viven y luego mueren. De igual modo, los científicos dicen que con el tiempo todas las especies viven y al final se extinguen. A lo largo de los miles de millones de años que ha existido la vida en la Tierra, millones y millones de especies han sufrido este sino.

Los fósiles nos hablan de algunas de ellas, como los tigres dientes de sable, los pájaros dodo, los dinosaurios, los caballos enanos, los lanudos mamuts, los perezosos gigantes, los visones marinos de Nueva Inglaterra y el hombre del Neanderthal, un homínido inteligente como nosotros.

Incluso hoy, los expertos siguen descubriendo formas de vida cuya existencia desconocían, aunque por desgracia casi siempre concluyen que están en peligro de extinción. Y la lista de especies amenazadas aumenta día a día.

La extinción de una especie se inicia cuando mueren más animales de los que nacen. Poco a poco, su número se reduce, hasta que mueren los últimos ejemplares que quedaban. ¿Cuál es la causa de la extinción? Los científicos dicen que la desaparición de especies zoológicas es inevitable con el tiempo, un hecho natural. En general, se debe a que otras especies han tenido más éxito a la hora de encontrar alimento y refugio en el entorno local. En su día, también se extinguirán, siendo reemplazadas por otras.

Tomemos el ejemplo del caballo. Hace sesenta millones de años, el caballo como lo conocemos hoy en día no existía; la especie primitiva tenía una altura de sólo 40 cm, con cuatro dedos en las manos (las extremidades delanteras del caballo se llaman «manos»), en lugar del único dedo actual en la parte delantera de la pezuña. Con el tiempo, la especie se extinguió y fue sustituida por otras de mayor tamaño, con un cerebro más grande y menos dedos.

La evolución suele funcionar por selección natural. En cada zona geográfica hay una cierta cantidad de alimento y refugio. Los animales que mejor se adaptan a las condiciones de vida del entorno son los que consiguen sobrevivir, y los menos dotados tienden a desaparecer.

En el caso de los caballos, sobrevivían los más grandes e inteligentes, y eso les permitía tener más crías. Al cabo de cientos de miles de años, apareció una nueva especie equina que reemplazó a la anterior. Hace 25 millones de años, los caballos medían 1 m de alzada y tenían tres dedos en lugar de cuatro en las manos.

Eones más tarde, aumentaron más y más de tamaño, reduciéndose el número de dedos hasta que sólo quedó uno. La dentadura de los primeros caballos estaba diseñada para cortar y masticar hojas. Millones de años después, la especie moderna posee una dentición completa de piezas grandes y planas, más adaptadas a la trituración de la hierba. (De ahí que en la actualidad los veamos pastando en el suelo, no en los arbustos.)

Perezosos gigantes, caballos enanos y diversas especies de hominidos. Todos se extinguieron.

Pero la mayoría de las especies animales que ya no existen en la actualidad no se extinguieron a causa de un competidor mejor adaptado a las condiciones de vida de la región, sino de lo que los expertos llaman «extinciones en masa» —millones de especies desaparecieron al mismo tiempo en todo el planeta—. El primer científico que descubrió este tipo de cataclismo fue el paleontólogo francés Georges Cuvier, que a principios del siglo XIX estaba investigando estratos rocosos y tomaba nota de los fósiles que encontraba.

Los estratos inferiores son más antiguos; los superiores, más recientes. Cuvier se dio cuenta de que los fósiles de algunas especies habituales en un estrato desaparecían completamente en el siguiente estrato superior, lo que indicaba que muchos animales que habían aparecido en la Tierra en una era geológica determinada, se extinguieron en otras más recientes.

En el siglo xx los científicos han detectado que algunas extinciones en masa parecen producirse con una precisión casi absoluta. Cada 26-30 millones de años, los animales y plantas empiezan a desaparecer. ¿Por qué? Un desastre planetario cada 30 millones de años a raíz de los movimientos orbitales a largo plazo de la Tierra y de otros cuerpos celestes.

Según el modelo elaborado por los expertos, existe un enorme campo de cometas orbitando alrededor de nuestro sistema solar: la Nube de Oort. A medida que nuestro sistema se desplaza por la Vía Láctea, atraviesa regiones espaciales de distintas características (densas nubes de gas, de polvo, etc.), de manera que la Nube de Oort sufre perturbaciones cada 30 millones de años a causa de una zona de polvo interestelar, enviando cometas en todas direcciones.

Algunos de ellos pueden precipitarse en la Tierra. Su impacto siembra el aire de residuos y altera drásticamente el

¿LO SABÍAS?

Los incendios provocados por los primitivos humanos pudieron ser la causa de la extinción de muchas especies.

clima, iniciándose una extinción en cadena de los animales y plantas. Hace unos 250 millones de años, por ejemplo, más del 90 % de las especies oceánicas se desvanecieron como consecuencia de una catástrofe que se conoce como «La Gran Muerte». (Véase p. 25; otro punto de vista sobre la posible causa de esta extinción en masa.)

Hace 65 millones de años, desaparecieron los dinosaurios. Hoy en día, muchos científicos creen que otro impacto del espacio (cometa o asteroide) puede haber iniciado una cadena similar de cambios desastrosos en el clima. En aquella era, no sólo se extinguieron los dinosaurios, sino también innumerables especies de reptiles y peces.

Los impactos del espacio son factores que escapan a nuestro control, pero otros sí podemos controlarlos, como el comportamiento. Muchos animales, como el tigre dientes de sable, la kuaga, una especie de cebra, o el periquito de Carolina, se extinguieron porque el ser humano los mató deliberadamente

—o a las presas que constituían su sustento—, cazándolos para alimentarse, por su pelaje o por puro deporte.

El hombre tiene un poder tan destructivo que podría desencadenar la siguiente extinción en masa.

Hoy los científicos consideran tan destructivo el poder del hombre como el procedente de un impacto del espacio exterior, e igualmente capaz de desencadenar la siguiente extinción en masa. La mitad de las 5-10 millones de especies de animales y plantas de la Tierra viven en las selvas tropicales, y las estamos talando y quemando sistemáticamente. Además, al desaparecer los árboles, se incrementa la concentración de dióxido de carbono en la atmósfera, que atrapa el calor —recalienta el planeta— y provoca asombrosos cambios climáticos: ¿nuevas extinciones?

El hombre moderno, el *Homo sapiens*, sólo existe desde hace unos 40.000 años. Quién sabe si conseguirá sobrevivir otros 40.000 años más. Si somos capaces de evitar la destrucción medioambiental y la guerra nuclear, no será porque seamos una especie más antigua, sino más inteligente.

EL CUERPO HUMANO

El ser humano fue uno de los últimos en llegar a la Tierra. Otras especies de animales nadaban en los océanos y vagaban por el planeta cientos de millones de años antes de nuestra aparición. Las huellas del *Homo sapiens* moderno (primero las del pie y luego las de las sandalias, botas, zapatos y zapatillas deportivas) se remontan a sólo 40.000 años. (En una línea del tiempo de 1 km que representara los años desde el nacimiento de la Tierra hasta hoy, el hombre moderno sólo ocuparía 1 cm.)

Mírate en un espejo y al rato tendrás la inquietante sensación de que somos auténticos alienígenas. Esos brazos largos y colgantes; las orejas pequeñas y redondeadas, tan pegadas en la cabeza; las áreas de piel sin pelo, etc. Tenemos el aspecto más peculiar de todas las criaturas que jamás hayan caminado, nadado o reptado por este planeta.

En su interior, nuestro organismo desarrolla una actividad febril, metódica, sin pausas, fabricando el sudor que aflora a la piel, «cultivando» pelos que salen por los poros de la cabeza, bombeando 8.000 litros de sangre al día a través de cientos de miles de arterias y venas que circulan por todo el cuerpo. Todo esto y mucho más sucede mientras estamos ocupados haciendo otras cosas. Emprende un viaje a través del cuerpo humano y descubre cómo funciona.

¿Por qué se nos arrugan los dedos después de estar un rato en el agua?

Lavas la vajilla, bañas a tu perro o te duchas y, al salir del agua, siempre ocurre lo mismo: las yemas de los dedos parecen ciruelas pasas, están arrugadísimas. Curioso, ¿no?

Imagina ahora que te metieras en la bañera, con el agua calentita, y que media hora después, al salir, tuvieras toda la piel tableada, de la cabeza a los pies; un rostro arrugado de un viejecito de 250 años, como los de los extraterrestres de las

Sufridores de...
Manos de piel de pasa

Nadadores transatlánticos...

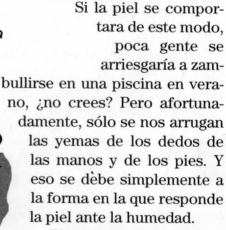

¡Qué asco de manos!

películas de ciencia ficción; la piel de los brazos y las piernas formando cumbres y valles; y un estómago parecido al de un armadillo.

Si la piel se comportara de este modo, poca gente se arriesgaría a zambullirse en una piscina en verano, ¿no crees? Pero afortunadamente, sólo se nos arrugan las yemas de los dedos de las manos y de los pies. Y eso se dèbe simplemente a la forma en la que responde la piel ante la humedad.

El fino estrato superior de la piel que recubre el cuerpo se llama epidermis,

Friega-cacharros...

y es allí donde viven los melanocitos, las células que le dan su coloración. Debajo de la epidermis existe otro estrato más grueso denominado dermis, donde están las raíces del pelo, las glándulas sudoríparas, los vasos sanguíneos y las células de grasa que proporcionan un tacto suave y esponjoso a la piel. La epidermis está unida a la dermis, aunque están separadas por un ligero espacio intermedio.

Las arrugas de los dedos de las manos y los pies se producen en la epidermis, el estrato superior de la piel.

Debajo de la piel está el esqueleto, y debajo del esqueleto, los órganos vitales. Así pues, el cuerpo humano dispone de diversos estratos de defensa del mundo exterior. La grasa y la piel conservan el calor del cuerpo. En verano se enfría mediante el sudor y, por otro lado, es una barrera contra todo lo que nos roza, golpea o salpica. Pero no es impermeable, sino que se nutre de agua. En efecto, la piel absorbe el agua del aire, y cuando nos sumergimos en la bañera, la piscina o el mar, también absorbe agua.

Los dedos arrugados son una consecuencia de ese «amor» desmesurado que siente la piel por el agua. En las manos y los pies, la piel es bastante gruesa, y eso hace que absorba más agua que la del resto del cuerpo.

Al sumergir las manos, la proteína de la epidermis absorbe entre 6 y 10 veces su propio peso en agua, al igual que los pañales para bebés de esos latosos anuncios televisivos.

A medida que la epidermis se hincha más y más, se separa de la dermis y forma surcos y crestas.

No obstante, las palmas de las manos y de los pies continúan relativamente tersas. ¿Por qué? En estas zonas, el estrato exterior de la piel está tan pegado al estrato inferior que le resulta imposible formar arrugas por mucho que lo intente.

Haz una prueba. Tira de la piel de la yema del dedo índice. ¿Ves lo fácil que es arrugarla? Ahora intenta

Amantes de los baños prolongados...

¡Cielos!

hacer lo mismo con la piel de la palma de la mano. ¡Tómatelo con calma!

Después de una larga inmersión, la piel arrugada se reblandece enseguida al salir del agua. Al lavarla en agua jabonosa, se eliminan los aceites naturales que recubren la piel y que impiden que el agua se escape. Desprovista de su revestimiento protector, cuando la expones de nuevo al aire, el exceso de agua se evapora rápidamente, al igual que el agua del pelo mojado cuando usas un secador. Cuanto más cálido es el aire, antes se seca, perdiendo su aspecto envejecido.

En realidad, la piel se seca tanto después de un baño, que contiene menos agua de la que contenía al meterte en la bañera. Con una piel normal, esto no es un problema, pero si es muy seca, se pueden formar escamas. En tal caso, es una buena idea aplicar una crema hidratante después del baño, sobre todo en las manos cuando el clima es frío y seco.

¿Por qué se nos pone la carne de gallina?

Receta para la carne de gallina: coge un cuarto oscuro, pon a un hermanito detrás de la puerta entreabierta, espera que entre otro hermanito y... ¡dale un susto! *Et voilà*: carne de gallina al instante, acompañada de un chillido y... de un grito (de papá o mamá).

Desde principios del siglo XIX, en el Reino Unido, a la carne de gallina la llaman «carne de pato». ¿Qué tiene que ver el erizamiento de los poros de la piel con los patos? La gente solía comer mucho más pato que ahora, sobre todo en las fiestas. Una vez desplumado, su cuerpo quedaba cubierto de pequeños bultitos donde antes estaban las plumas, y cuando a alguien se le erizaba la piel de los brazos, les recordaba los bultitos de la carne de pato.

¿Qué provoca la carne de gallina? El erizamiento se produce cuando los músculos pequeños que rodean los folículos pilosos se contraen bruscamente, empujando hacia arriba un poco de piel y de pelo y formando un bultito. ¿Has visto cómo se eriza la cola de los gatos o las púas de los puercoespines? Tam-

LAS CARAS DE LA CARNE DE GALLINA...

bién son formas de carne de gallina...

Los animales, incluido el hombre, tienen carne de gallina cuando se sobresaltan o se asustan. Los científicos dicen que este fenómeno forma parte de la respuesta «huir o luchar». Una avalancha de hormonas provoca una contracción muscular. Los gatos se «hinchan», pareciendo más grandes y peligrosos a los ojos de cualquier otro animal. Nuestra carne de gallina es un atavismo de esta respuesta evolucionada; nuestros ancestros tenían más pelo, y su erizamiento les confería un aspecto más amenazador.

La carne de gallina también aparece cuando nos enfriamos. ¿Por qué? Pues porque nuestros antepasados remotos tenían el cuerpo recubierto de pelo, y a los animales, «hinchar» el pelo cuando hace frío los aísla mejor.

La carne de gallina también puede ser fruto de la emoción, no sólo del miedo. Oír el himno nacional en los Juegos Olímpicos, descubrir una extraña y maravillosa coincidencia o ser testigo de un acto de valor puede erizar los pelos del brazo a cualquiera, sin olvidar el recuerdo de un acontecimiento o de un encuentro emocionante. En estos casos, el sobresalto no es físico, sino espiritual.

El erizamiento de las púas del puercoespín también es una forma de carne de gallina.

¿Cuál es el origen de los cardenales y por qué son negruzcos y azulados?

Los cortes son rojos, pero los cardenales pueden presentar todos los colores del arco iris. Si te cortas, la sangre aflora por la herida hasta que coagula y se seca. Sin embargo, un cardenal es una herida sin afloramiento sanguíneo. Si te golpeas en una pierna, la sangre brota debajo de la piel a través de los diminutos capilares lesionados, acumulándose en la zona del impacto. Entretanto, los agentes coagulantes (plaquetas) trabajan para contener las minúsculas hemorragias antes de que el daño sea excesivo.

¿Por qué se colorea el cardenal? El rojo se debe a la hemoglobina, el pigmento de las células sanguíneas que se han «encharcado» debajo de la piel. Los colores más oscuros (casi negros, violáceos y azules) son un efecto óptico. La luz que penetra en la hemoglobina se refleja y refracta en innumerables estratos de la piel, dándole un aspecto más «azulado» de lo que es en realidad.

Cuando la hemoglobina se desintegra transcurrida una semana, poco más o menos, pierde su tonalidad roja y se vuelve amarronada, de manera que la luz refleja más matices amarillos y la contusión parece verde, amarilla y marrón. Algunos cardenales tardan dos o más semanas en curarse y desaparecer por completo.

*Alrededor de los ojos,
la capa de grasa es mínima;
de ahí que un derechazo
en el ojo provoque
un espectacular cardenal
negro y azul.*

Decir que alguien tiene la «piel sensible» significa que es muy susceptible a los comentarios de los demás. Pero la verdadera piel sensible es más propensa a los cardenales. Las mujeres, por ejemplo, se amoratan más que los hombres, tal vez porque los estratos de la piel masculina sean más gruesos que los de la piel femenina. Asimismo, con la edad, la piel se vuelve más fina y más débil. Ésta es la razón por la que a los ancianos les salen enormes moretones al menor golpe. Hombres o mujeres, jóvenes o ancianos, todos

tenemos «piel sensible» en determinadas partes del cuerpo. Alrededor de los ojos, por ejemplo, la capa de grasa es mínima, al igual que en la tibia o la rodilla. De ahí que un puñetazo en el ojo provoque un moretón espectacular negro y azul, y una caída de la bicicleta deje las rodillas y las tibias hechas una paleta de pintor.

Pero hay una forma de evitar los cardenales antes de que aparezcan, y da muy buen resultado. Imagina que pasas junto a una mesita de centro de vértices agudos y te golpeas la pierna. Pon enseguida el talón o la mano sobre la zona magullada y presiona durante varios minutos. Eso impide la formación del cardenal. También puedes aplicar hielo después de la presión, o matar dos pájaros de un tiro aplicando a presión una caja de verduras congeladas.

Estos métodos funcionan porque la presión detiene la hemorragia y el hielo contrae los vasos sanguíneos, evitando que siga manando la sangre y reduciendo la hinchazón.

¿LO SABÍAS?

Las contusiones en las piernas suelen tardar más en curarse, ya que hay una mayor presión sanguínea, lo que provoca una mayor hemorragia.

Si tienes una moradura y quieres eliminarla cuanto antes, espera 48 horas hasta que alcance su cenit; luego, aplica calor (una toallita tibia, por ejemplo). Eso atraerá la sangre fresca a la zona lesionada, arrastrando las células dañadas.

La dieta alimenticia también previene los moretones. Los cítricos (naranjas, li-mones, etc.), los tomates, el brócoli y otros productos con un alto contenido de vitamina C son ideales. La vitamina C fortalece los capilares de todo el cuerpo. Muchos médicos recomiendan tomar 1.000 mg de vitamina C al día (500 mg por la mañana y 500 mg por la noche) a quienes desarrollan cardenales fácilmente.

¿Tienes verduras congeladas?

¿Por qué deja de manar la sangre por una herida?

Es un cálido día de verano y has abierto el grifo de la manguera para jugar con el agua. A los pocos minutos, te marchas y la dejas en el suelo. El agua se encharca en el patio. «¡Estás malgastando el agua!», dice mamá desde la ventana.

De pronto, antes de que puedas cerrar de nuevo el grifo, el chorro empieza a menguar. Los minerales del agua se acumulan en la boca de la manguera, bloqueándola parcialmente. Por último, se ha formado una tela pegajosa que atrapa el agua en el interior. ¡La manguera se ha sellado sola!

Un relato imaginario, claro. Las mangueras son incapaces de autosellarse, ni siquiera como respuesta al aullido huracanado de mamá, pero los vasos sanguíneos sí. Cuando te haces un corte en un dedo, el organismo actúa rápidamente para detener la hemorragia de sangre que mana por el vaso lesionado. Al fin y al cabo, la sangre transporta el oxígeno y los nutrientes a todos los órganos, desde el cerebro hasta el corazón. Sin ellos, el organismo moriría enseguida.

El vaso sanguíneo se contrae un poco para dificultar el paso de la sangre. Entretanto, las plaquetas empiezan a adherirse a los bordes irregulares del vaso. (Las plaquetas son células sanguíneas pequeñas, redondeadas y transparentes; los científicos creen que son fragmentos de gigantescas células de médula ósea.) Continúan acumulándose y obstruyendo cada vez más el paso de la sangre a través del orificio.

Cuando el equipo de plaquetas llega a la zona lesionada, libera una sustancia química llamada serotonina, que al entrar en contacto con las paredes del vaso sanguíneo, incrementa su contracción.

Con el estrechamiento del vaso y el amontonamiento de plaquetas, la fuga de sangre disminuye, pero aún no se ha detenido. Hace falta un buen coagulante para cerrar por completo la salida, y entran en acción las proteínas de la sangre.

La primera, llamada protrombina, se reviste inmediatamente de una sustancia llamada trombina. ¿Cómo? Diversos factores de la sangre se transforman en enzimas, uno detrás de otro, en una especie de cascada, alterando la proteína en cuestión de segundos.

Una vez formada la trombina, ayuda a una segunda proteína —fibrinógeno—, que flota en la sangre, a generar la fibrina, que tal y como su nombre indica, consiste en una red de fibras que atrapan las células sanguíneas como las telarañas atrapan los insectos, creando un taponamiento de fibras y células sanguíneas cautivas. Al final, la sangre deja de manar.

Las fibras atrapan las células de sangre como una telaraña atrapa los insectos, creando un taponamiento rojizo.

La sangre puede crear taponamientos, pero también destrozarlos. Hay un enzima llamado plasmina que disuelve las hebras de la red, además de destruir las sustancias que las rodean y que ayudan a detener el flujo de la sangre, como los agentes coagulantes, lo que contribuye a formar diminutos taponamientos que coagulan los capilares, los vasos más pequeños del organismo. También destruye los taponamientos que se forman en el tejido orgánico después de una filtración de sangre (por ejemplo, debajo de la piel del maxilar tras una intervención quirúrgica dental).

Algunas personas nacen sin uno de los factores necesarios para coagular la sangre. Padecen una enfermedad llamada hemofilia, en la que el menor corte o heridita puede desencadenar una hemorragia incontenible. A veces, se puede producir una hemorragia interna sin más. De ahí que, en ocasiones, después de una herida, estos individuos precisen una transfusión de sangre que contenga los factores que les faltan.

 # ¡Tengo las piernas dormidas!

Llevas una hora sentado en el suelo viendo la tele, te pones de pie y ¡zas!, se te doblan las piernas, están insensibles. ¿Qué ocurre? La culpa la tiene la presión en los nervios y los vasos sanguíneos. Si te sientas en la misma posición durante mucho tiempo, la presión de la pierna sobre la silla o el suelo puede comprimir los nervios que transportan los mensajes a través de la columna vertebral, además de interrumpir una parte del flujo sanguíneo a dichos nervios. ¿El resultado? Parece que se te hayan «dormido las piernas»; están insensibles y pesadas. Prueba con una aguja y verás que apenas sientes la punta.

Sin embargo, la insensibilidad es temporal. Al levantarte –con cuidado, ya que más que una pierna parece un bloque de piedra–, liberas la compresión y los nervios se ponen de nuevo en acción. A veces, se nota un hormigueo. Para evitar este fenómeno, cambia de postura con frecuencia al sentarte y procura no dormir apoyado sobre un brazo.

¿Por qué sangra la nariz?

Prospecciones nasales en el Lejano Oeste

En busca de oro de día...

Hurgando en la nariz de noche.

Duelos y hemorragias nasales a mediodía.

De niños, a todos nos ha sangrado la nariz alguna que otra vez. Las hemorragias nasales pueden iniciarse sin una razón aparente, al igual que cesan sin más.

El tejido de las fosas nasales, justo debajo de la superficie, constituye una red de diminutos vasos sanguíneos llamados capilares.

Cuando la sangre aflora por la nariz casi siempre significa que algunos de estos vasos se han dañado, empezando a manar. En general, los vasos sanguíneos rotos suelen estar en el tabique central que separa las dos fosas, y aunque a veces da la sensación de estar perdiendo mucha sangre, lo cierto es que sólo se trata de una cantidad mínima.

¿Qué daña un vaso sanguíneo? Una de las causas principales en los niños consiste en hurgarse la nariz.

Sin embargo, teniendo en cuenta que las fosas nasales son órganos muy sensibles, las causas de las hemorragias pueden ser múltiples: un pelotazo en la cara, una pelea infantil, un resfriado que obliga a sonarse constantemente la nariz con energía para eliminar la mucosidad, o una irritación nasal que provoca un picor insoportable.

En ocasiones, las hemorragias nasales se producen estando sentado, trabajando o incluso durmiendo. Cuando el aire es muy seco, como en una habitación sobrecalentada en invierno, el tejido nasal también se seca. Al carecer de agua, se encoge y se hace más fino, los capilares están menos protegidos y la sangre brota a la menor provocación.

Algunos niños sólo tienen hemorragias nasales muy de vez en cuando; otros parecen un manantial. Pero por fortuna, en la adolescencia y la adultez desaparecen casi por completo.

Las hemorragias nasales suelen ser inocuas y cesan por sí solas, cuando los vasos sanguíneos se taponan (véase p. 167; cómo se forma un taponamiento), aunque a veces se pueden detener antes de lo normal presionando la base de la nariz entre el pulgar y el índice durante unos tres minutos. De este modo, las sustancias químicas presentes en la sangre que contribuyen a su coagulación no se eliminan con el flujo.

No te rasques ni te golpes la nariz cuando haya cesado una hemorragia, ya que los taponamientos ceden con facilidad. En cualquier caso, si la hemorragia no se detiene, deberás acudir a un médico; te aplicará un fármaco que contrae los vasos sanguíneos.

¿Cómo puedes evitar las hemorragias nasales? No te hurgues la nariz; suénate con suavidad, no con fuerza, si estás resfriado; por la noche, en invierno, instala un humidificador en tu habitación para conservar la humedad de los tejidos nasales.

Un hecho curioso, pero cierto: hurgarse la nariz es la causa principal de las hemorragias nasales en los niños.

En los adultos, este tipo de hemorragias pueden resultar más graves. Pueden ser la consecuencia de una presión sanguínea alta; de los pólipos y las verrugas o de una alergia, que también irrita el tejido nasal. Una hemorragia nasal después de un accidente podría indicar la existencia de una fractura de cráneo, que sólo se puede confirmar con rayos X. ¿Quieres un buen consejo? Si la nariz te sangra a menudo, acude al médico.

¿Cómo crece el pelo?

Peluquería Las Cosas Claras

¡Tiene la mayor cantidad de proteínas muertas que he visto en la vida!

¿**H**as reparado alguna vez en el extraordinario parecido que existe entre el césped y el pelo? El césped consta de miles de briznas de hierba, y el pelo se compone de miles de hebras.

Si arrancas una brizna de hierba comprobarás que tiene una raíz en su extremo inferior, a través de la cual absorbe el agua y los nutrientes del suelo esenciales para su supervivencia.

Algo similar ocurre con la sujeción del pelo en la cabeza. El pelo no penetra demasiado en el cuerpo; no existe ninguna fábrica pilosa central en el organismo interno de la que emerja el pelo a modo de larguísimos espaguettis, sino que en realidad la piel equivale al suelo del pelo, es decir, allí donde está arraigado.

Arráncate un pelo de la cabeza y obsérvalo con atención, a ser posible a través de una lupa. Es una especie de tubo largo —¡en eso sí se asemeja a un espagueti!—, aunque no es de harina, sino de queratina, una proteína dura que también forma las uñas.

Pese a dar la impresión de ser liso, lo cierto es que está cubierto de escamas, como los peces. Esta capa de escamas queratinosas se denomina cutícula, y sólo es visible al microscopio. El pelo se vuelve mate, escamoso y quebradizo a causa de un cepillado excesivo, del secado con aire caliente y del tinte con productos agresivos. Para conservarlo suave y brillante —para que refleje la luz—, las escamas deben estar lisas como la superficie de un espejo.

En el interior del tubo capilar hay un núcleo esponjoso que es lo que confiere flexibilidad al pelo, permitiendo que se doble sin quebrarse. El pelo ralo y muy fino suele carecer de dicho núcleo.

La raíz está situada debajo del cuero cabelludo. En efecto, cada pelo está encajado en un tubito más fino llamado folículo, cuyo extremo, en forma de bulbo, está arraigado en la dermis, el estrato inferior de la piel, al igual que el bulbo de un tulipán está enterrado en el suelo.

Al igual que los espaguetis, el pelo es un tubo largo, y aunque parece liso está recubierto de escamas, como los peces.

Cerca de la punta del folículo, justo debajo de la superficie de la piel, las glándulas sebáceas segregan aceites que se acumulan en el pelo y que sólo se eliminan al lavarlo.

Veamos cómo crece el pelo. En la base de cada bulbo folicular hay un anillo de células que se alimentan de los nutrientes y el oxígeno que le suministran una maraña de vasos sanguíneos. Estas células se dividen y forman nuevas células, al igual que ocurre en todo el organismo. Estas células «bebés» se amontonan poco a poco y ascienden por el interior del folículo. Llegado el momento, mueren y se endurecen, dando lugar al pelo. Entretanto, las células del estrato externo del tubo también mueren y se endurecen, formando un revestimiento o vaina.

A medida que van ascendiendo por el interior del folículo hacia la superficie de la piel, el pelo y su correspondiente vaina se adhieren con firmeza, pero al llegar a las inmediaciones del cuero cabelludo, las sustancias químicas segregadas por los tabiques foliculares se «comen» la vaina, dejando al descubierto el pelo. Las glándulas sebáceas se encargan de lubricarlo, escamas incluidas. Luego continúa, atraviesa la piel y asoma al exterior. ¡Ahí lo tienes!, ¡un pelo!

De ahí que, por muy a menudo que te lo cortes o afeites, continúa creciendo, concretamente a un ritmo de 1 o 2 cm mensuales, lo que equivale a 2-4 diezmilésimas de mm por minuto.

¿A qué se debe que el pelo crezca más en la cabeza que en el resto del cuerpo?

El pelo, desde las hebras brillantes y sedosas de los anuncios de champú hasta el pelo grueso y rebelde de un pastor montañés, es exclusivo de los mamíferos. Los seres humanos y los perros lo son, al igual que el resto de nuestros amigos peludos: gatos, vacas, jirafas y jerbos. Los mamíferos tienen la sangre caliente y alimentan a sus pequeños con leche elaborada en su propio cuerpo.

El pelo puede presentar formas muy curiosas y salir en áreas impensables. El mamífero más grande de la tierra, la ballena, posee una nutrida masa pilosa alrededor de la boca, y las púas

Mal día en la barbería

Una ballena con la típica sombra de las 5 de la tarde

Espinoso problema de remolinos

Espuma moldeadora a go-go

PELO

RINO PELO

de los puercoespines no son sino pelos muy duros.

Los reptiles, que evolucionaron antes que los mamíferos, no tienen pelo —aún no—. Entonces, ¿por qué se desarrolló junto con otras características de los mamíferos? Los científicos creen que los animales que nacieron accidentalmente con pelo (mutaciones) engendraron crías con pelo.

A lo largo de las generaciones, el pelo ha demostrado ser una ventaja competitiva: es un aislante, una especie de abrigo natural que recubre la piel y conserva el calor corporal. Gracias al pelaje, los animales de sangre caliente mantienen una temperatura próxima a los 37 °C en los climas fríos, mientras en los cálidos, una fina capa de pelo, como en el caso de los chimpancés, protege de los rayos solares. Ésta es la razón por la que los animales de pelaje pueden aventurarse fuera de su madriguera para ir en busca de alimento tanto si hace frío como calor; los demás se ven obligados a permanecer a cubierto cuando el calor es muy intenso. ¡He aquí la ventaja! Los que desarrollaron pelajes más espesos (osos, lobos, etc.) se adaptaron a las condiciones de vida de las regiones septentrionales.

Con el tiempo, el pelo se especializó para desempeñar determinadas funciones. Las cejas evitan que el sudor penetre en los ojos y nuble la visión incluso bajo un sol de justicia; y el pelo de la nariz y las orejas atrapa el polvo, impidiendo que penetre en el organismo.

Cuando algo está demasiado cerca de los ojos (polvillo, partículas en suspensión, etc.), roza con las pestañas, y los nervios de la piel que rodean los ojos envían un mensaje al cerebro para que los cierre. Asimismo, los bigotes de un gato rozan con los objetos y le permiten moverse en la oscuridad.

En la mayoría de los humanos, el pelo que crece en la cabeza es el más espeso del cuerpo. Algunos varones tienen pelo en el pecho, en los brazos, las piernas y la espalda, pero muchos no. En cambio, todo el mundo luce una buena melena ya desde la infancia, aunque la pierda más tarde.

¿Por qué? Es lógico que el hombre tenga pelo en la cabeza, aunque con la evolución haya perdido una buena parte del que tenía en sus orígenes en el resto del cuerpo. Cuando hace frío, el cuerpo pierde más calor del necesario a través de la cabeza, ya que el cerebro consume mucha energía para mantenernos vivos y con nuestras facultades intelectuales en marcha. El pelo conserva el calor en invierno y protege la cabeza del calor en verano.

En términos de supervivencia, el pelo de la cabeza también tiene otra ventaja: es atractivo. De ahí que muchos de nosotros dediquemos tanto tiempo a preocuparnos de su aspecto. Exceptuando un par de casos ocasionales, como Yul Brynner o Sinead O'Connor, en muchas culturas una buena mata de pelo forma parte del atractivo sexual para atraer a la pareja.

¿Por qué los hombres pierden el pelo antes que las mujeres?

La ausencia de pelo, algún que otro mechón en la parte superior de la cabeza o una franja capilar en los lados y en la sección posterior de la misma se denomina «patrón de calvicie masculina», pues es así como suele producirse la pérdida del pelo en los varones a medida que envejecen. Pero, ¡sorpresa!, este patrón de calvicie también afecta a las mujeres, que empiezan a perder el pelo más tarde que los hombres y de una forma menos evidente. No obstante, cuando se les cae, el patrón es idéntico: el proceso casi siempre se inicia en la parte superior de la cabeza.

¿Te has fijado en las hebras que se desprenden del cuero cabelludo al lavarte el pelo? Esta pérdida es normal; todo el mundo, incluso quienes tienen una melena espesa y exuberante, pierde entre 50 y 100 pelos diarios. Por fortuna para muchos de nosotros, cuando se caen brotan otros nuevos.

Así es como funciona. Al igual que una planta, cada hebra de pelo pasa por

Elige tu Patrón de Calvicie...

• Estampado de cachemir: estilo clásico, ideal para una velada nocturna...

A rayas: para la oficina y las ocasiones informales...

Meandro griego: indicado para fiestas de toga o para leer La Ilíada.

diversas fases. La anágena es la de crecimiento, que dura 5 o más años. (Si no lo cortas, el pelo crecerá 75 cm o más.). Luego, durante 2 o 3 semanas, pasa por una fase de transición (catágena), en la que su desarrollo se ralentiza. Por último, entra en la fase telógena o de reposo, dejando de crecer y esperando el momento de la caída. Pueden pasar varios meses antes de que una nueva hebra desaloje a la anterior de su folículo. Pero así es como se desprenden los 50-100 pelos que cada día aparecen en el cepillo o en el desagüe de la bañera.

Todo el mundo, incluso quienes tienen un pelo espeso y exuberante, pierden entre 50 y 100 cabellos al día.

Las enfermedades y el estrés pueden trastornar este proceso normal en la piel, provocando una pérdida generalizada del pelo en la cabeza y en el resto del cuerpo, al igual que las radiaciones y ciertos fármacos, como los que se utilizan en los tratamientos contra el cáncer. Cuando una persona sufre una grave carencia de vitaminas (no come lo suficiente o lo que debería co-

mer), el pelo también puede empezar a caerse.

Sin embargo, el patrón de calvicie en la cabeza es un proceso natural que avanza con la edad. Según los científicos, es posible calcular el número de varones que presentan algún signo de este patrón por su edad: el 25 % de hombres de 25 años tienen poco pelo en la parte superior de la cabeza, y el 80 % de los de 80 años están parcialmente calvos.

¿Cómo ocurre? Las hormonas que hacen que un niño sea un niño también son las responsables de que el hombre adulto se quede calvo. Cuando el niño llega a la edad adulta, algunos genes de herencia familiar se activan y ordenan a los folículos del pelo la secreción de una mayor cantidad de un enzima específico, que transforma la hormona testosterona en otra llamada DHT.

Demasiada DHT parece encoger gradualmente los folículos capilares. Los expertos creen que eso sucede porque de algún modo indica al sistema inmunológico que ataque su propio pelo, como si cada folículo se hubiese convertido en un cuerpo extraño. De ahí que las hebras se hagan más finas y que su fase de crecimiento se reduzca, lo que provoca que la mata de pelo, antes sana y tupida, sea cada vez más rala. ¿El resultado? Una calvicie progresiva.

El cuerpo de la mujer también segrega pequeñas cantidades de hormonas masculinas, y si hereda los genes de la calvicie, su pelo también puede debilitarse. Pero dado que los niveles de estas hormonas son inferiores, pocas mujeres presentan el patrón de calvicie, y cuando lo presentan, es muchísimo menos evidente.

¿LO SABÍAS?

Contrariamente a lo que se suele creer, cortar el pelo no lo hace crecer más fuerte ni más deprisa.

¿Por qué nos salen granos?

Los granos parecen salir en los momentos más inoportunos, como la mañana en la que tienes que hacer una presentación en clase o el día de la foto escolar. Inexorablemente, el grano de acné más gordo, más rojo y más antiestético, acompañado de su correspondiente núcleo blanco, aflora siempre pocas horas antes de un baile en la escuela, una fiesta o un concierto, convirtiendo una situación de por sí tensa en un absoluto desastre.

Al entrar en la adolescencia (de 11 a 13 años) es cuando la vida nos castiga con un montón de granos, como si se burlara de nosotros. No es justo, pero es así. (Claro que algunos afortunados nunca tienen un solo granito y lucen una piel perfecta. Los odiamos, ¿verdad? Y mucho.)

Al parecer, la tendencia a tener granos es hereditaria. Al igual que puedes agradecer a mamá y papá tu precioso

MI PRIMER GRANO...

... fue un hechizo de vudú...

pelo brillante, puedes echarles la culpa de las fastidiosas protuberancias rojas que te salen en la cara.

¿Te has preguntado por qué nunca aparecen en las palmas de las manos y de los pies? Porque los granos se forman en la base de los folículos capilares. Los tenemos en el rostro, la espalda y el pecho, aunque los pelos sean tan diminutos que apenas se vean o hayan desaparecido.

La gente suele echar la culpa a lo que come, como en el caso del chocolate o la pizza. Pero la causa real de los granos es hormonal. En efecto, algunas hormonas se vuelven locas poco antes de la adolescencia. Tanto los chicos como las chicas preadolescentes empiezan a fabricar más andrógenos. (El organismo masculino segrega más andrógenos que el femenino; de ahí que se los llame «hormonas masculinas» y que los muchachos tengan más granos que las muchachas.) Los

Mi segundo grano fue heredado...

andrógenos estimulan las glándulas sebáceas, en la raíz de los folículos capilares, para que segreguen más sebo aceitoso, que aflora por los poros de la piel o... forma un tapón debajo de ella: ¡el grano está servido!

Debajo del tapón se acumulan células cutáneas muertas y más sebo. A medida que el tapón aumenta de tamaño, empuja hacia arriba, dando lugar al típico grano. Los granos pequeños son blanquecinos, pero cuando están más expuestos al aire y a la luz, se oscurecen: las populares espinillas.

Las bacterias que viven en la piel pueden transformar estos dos tipos de excrecencias en granos grandes, rojos e inflamados —los que intentamos recubrir desesperadamente con crema de color carne—. ¿Cómo ocurre este fenómeno? Cuando la bacteria empieza a nutrirse de las células cutáneas muertas y de otros apetitosos residuos foliculares, los leucocitos acuden al rescate. Cuan-

do el organismo combate la infección bacteriana, se forma una gran hinchazón y un saco de pus. Si revientas un grano (¡y sabemos que lo haces!), corres el riesgo de propagar la infección a la piel que lo rodea, sembrando lo que será una nueva cosecha de granos.

Lavar demasiado la piel puede empeorar el acné. Es preferible hacerlo una o dos veces al día y con un jabón neutro. Frotarlo con un estropajo de baño o una esponja dura, como si el rostro fuera una sartén, también empeora mucho los granos.

Aunque no se ha demostrado que ningún alimento particular resulte perjudicial para el acné, lo cierto es que una dieta de elevado contenido en grasas puede estimular la producción de aceite de la piel. Por el

Mi tercer grano, el más grande de todos, fue a causa de una cita a ciegas.

contrario, comiendo menos grasas y más frutas y verduras se seca más la piel y, por consiguiente, es posible paliar el problema.

¿Cuál es el origen de las verrugas?

Los abultamientos cutáneos que conocemos como verrugas parecen salir de la nada. Están causados por un grupo de unos 50 virus llamado papiloma, que causan estragos en las células de nuestra piel y en las membranas mucosas.

El virus altera las instrucciones habituales de crecimiento de las células cutáneas, que empiezan a multiplicarse anormalmente, acumulándose en la excrecencia que llamamos verruga. Hay verrugas de diversos tamaños: desde una cabeza de alfiler, casi invisibles, hasta un guisante. Los dedos, las palmas de las manos y de los pies y los antebrazos son sus emplazamientos predilectos. En su mayoría son indoloras, pero las de las plantas de los pies pueden ser molestas al andar.

Al ser víricas, son contagiosas; puedes propagarse de una a otra persona o diseminarse por la piel. Pero a diferencia de otras patologías víricas, como la varicela, las verrugas sólo son relativamente contagiosas. Una verruga en la mano puede generar más verrugas en la misma zona, aunque casi nunca se extienden a los pies. Asimismo, el hecho de tocar una verruga en la planta

Receta para la crema de verruga de bruja...

Hervir un plátano, un rollo de cinta aislante y una mosquitera oxidada...

...poner en remojo...

¡Genial!

...y gozar del resultado.

de los pies no suele originar otras en los dedos. Los niños son más propensos a las verrugas que los adultos, quizá porque el sistema inmunológico adulto tiene más experiencia en su combate.

Los niños tienen más verrugas que los adultos, cuyo sistema inmunológico podría tener más experiencia en combatirlas.

Si tienes una verruga y la dejas en paz, suele desaparecer por sí sola. La mitad lo hacen al año y el 85 % después de 3 años. Pero si quieres quitártela de encima cuanto antes, ¡ármate de paciencia! Al estar causadas por virus, las verrugas son extremadamente tenaces. Existen docenas de tratamientos, lo que indica que no hay uno solo que sea realmente eficaz.

En las farmacias venden preparados de ácido salicílico. Una vez aplicado en una verruga, erosiona la capa superior de la piel, que al caer, suele llevarse una buena parte de la excrecencia, si no toda. Sin embargo, a menudo reaparece en el mismo punto o en otro próximo.

Los médicos suelen emplear nitrógeno líquido frío para congelarlas y láser para quemarlas. Pero una vez más, con frecuencia vuelven a salir a las pocas semanas.

También existen algunos remedios caseros: aplicar aceite con vitamina E o A en la verruga y vendar la zona; colocar un trozo de piel de plátano sobre ella; o cubrirla con cinta aislante. Según dicen algunos médicos, el simple hecho de mantenerlas tapadas y a presión acelera su eliminación.

No obstante, si fortaleces tu sistema inmunológico, éste se encargará de las verrugas. Come mucha fruta y verdura, reduce el estrés y lo más importante: duerme todo lo que puedas. Los estudios han demostrado que el sueño es uno de los principales requisitos para que el organismo mantenga a raya a las bacterias y virus.

Por último, mucha gente comenta que sus verrugas desaparecen a los pocos días cuando deciden adoptar medidas más drásticas (extirpación quirúrgica). En efecto, ante la amenaza de someterse a una operación, el organismo tiende a evitarlo de forma natural, como si supiera cómo eliminar las verrugas mejor que la ciencia médica. Basta saber cómo inducirlo a que lo haga.

¿Por qué tenemos pecas?

¡Alerta de melanocitos...!

Va hacia la playa y se ha olvidado la crema solar... ¡dádsela!

lgunas personas tienen el cuerpo lleno de pecas; otras tienen unas cuantas en la nariz o en los hombros, zonas en las que probablemente sufrieron quemaduras solares en el pasado.

¿Por qué aparecen? El color de las pecas, al igual que el de la piel que las rodea, depende de una sustancia química llamada melanina. A mayor cantidad de melanina en la piel, más oscuras son las pecas. Cuando alguien de piel muy blanca toma el sol durante un período de tiempo demasiado prolongado, su piel produce más melanina, es decir, se broncea... ¡o le salen pecas!

La producción de melanina es la forma que tiene la piel de defenderse de la radiación ultravioleta, causante del cáncer de piel. La melanina absorbe dicha radiación para proteger los tejidos cutáneos.

La melanina está compuesta de unas células llamadas melanocitos. (Una de cada diez células cutáneas es un melanocito.) Su forma es muy curiosa: parecen pulpos.

En el interior del melanocito, diversas reacciones químicas transforman los aminoácidos procedentes de las proteínas alimenticias en un pigmento (melanina), acumulándose en los «tentáculos» de la célula, que se adhieren a la superficie de las células cutáneas colindantes. Usando los tentáculos a modo de conductos nutritivos, las células cutáneas absorben un parte de la melanina, confiriendo a la piel su color característico. A mayor cantidad de melanina, más oscura es la piel (más bronceada).

Las pecas son áreas cutáneas en las que se ha concentrado una gran cantidad de pigmento. A diferencia de los lunares, que tienen un ligero relieve, las pecas son lisas y marrones.

La gente de piel blanca es más propensa a tener pecas. Los pelirrojos, cuya piel suele ser muy pálida y tardan mucho tiempo en broncearse, son los que tienen más. Al igual que el color de la piel y del pelo, las pecas también son hereditarias.

Casi siempre aparecen en la infancia, en las áreas de la piel más expuestas a la luz solar (rostro y brazos). Contrariamente a lo que se podría esperar, las pecas contienen menos melanocitos que la piel que las rodea, aunque son de mayor tamaño y más activos, acumulando una mayor cantidad de melanina; de ahí su color tan oscuro.

Las pecas que aparecen en verano tienden a disiparse en invierno. Asimismo, si sólo tienes unas cuantas dispersas por la piel, a menudo desaparecen por completo con el tiempo. Por ejemplo, si a una niña le salen pecas en verano cuando está en primaria es muy probable que llegue a la edad adulta con la piel inmaculada. Si no quieres tener más, protégete de la insolación canicular con sombreros y camisetas de manga larga.

La piel de las personas muy pecosas suele quemarse con facilidad al sol, aumentando el riesgo de cáncer.

La gente propensa a tener pecas suele tener una piel que se quema con facilidad al sol, lo que implica un mayor riesgo de desarrollar un cáncer cutáneo. Es aconsejable que limiten su exposición a la luz solar intensa cubriéndose la piel o usando cremas con un elevado factor de filtro solar.

Las ligeras pecosidades dispersas casi siempre remiten con determinados fármacos. También da buenos resultados aplicar zumo de limón con un algodón una vez al día, después de la ducha. Al cabo de unos meses, suelen desaparecer poco a poco, aunque bastará un par de días en la playa y sin protección solar para que reaparezcan.

¿Por qué el sol oscurece la piel, pero aclara el pelo?

De jóvenes, mis amigas y yo nos peinábamos con zumo de limón y luego nos tumbábamos al sol. Y... ¡milagro! Al atardecer, teníamos la piel bronceada y el pelo rubio. Nuestros sueños de verano se habían hecho realidad.

Ahora bien, lo que realmente sucedía era que teníamos la piel roja como una langosta y el pelo más reseco que la paja. A decir verdad, las que teníamos el pelo negro o castaño oscuro no conseguíamos volvernos rubias, aunque eso sí, a finales de verano, nuestra piel se había oscurecido el doble de lo que estaba y el pelo había palidecido notablemente.

Hoy en día sabemos que los baños solares no sólo broncean, sino que también pueden producir cáncer de piel. Aun así, el sol sigue obrando sus paradójicas maravillas: piel más oscura, pelo más claro.

Sería lógico imaginar que el pelo se oscureciera igual que la piel, de manera que al final del verano, los rubios lucieran un pelo castaño-dorado a juego con el bronceado cutáneo, y que los de pelo castaño presentaran una melena negra como el carbón.

Sin embargo, la piel y el pelo están hechos de materias diferentes y experimentan reacciones químicas dispares bajo los rayos del sol.

La piel es un tejido vivo que recubre el cuerpo y protege los órganos internos (corazón, estómago, pulmones, etcétera) del agresivo mundo exterior. Consta de varios estratos celulares superpuestos y está recorrida por una finísima red de vasos sanguíneos. A través de la piel, las glándulas sudoríparas expulsan agua que se evapora en el aire.

En la piel conviven las células cutáneas ordinarias y los melanocitos o células-pulpo, que elaboran el pigmento llamado melanina que da su tonalidad habitual a la piel.

El color de la piel al nacer depende del que tengan nuestros padres. Cuanto más oscura sea la suya, más oscura será la nuestra. Sin embargo, la piel se oscurece más cuando se expone a los rayos solares.

Veamos por qué. La luz del sol nos llega en todas las frecuencias, desde la más baja hasta la más alta. La luz que vemos es de frecuencia media. La de frecuencia alta resulta invisible, incluyendo, desde luego, los rayos ultravioleta (UV), el principal causante del oscurecimiento cutáneo.

La piel se oscurece para proteger el cuerpo de los efectos perjudiciales de la radiación UV. Primero, las células muertas de la superficie absorben una parte de estos rayos, y luego los melanocitos producen una cantidad adicional de melanina, que absorbe otra parte. Sea como fuere, el bronceado, por muy intenso que sea, sólo es capaz de absorber la mitad de la luz UV que penetra en la epidermis.

En resumen, a mayor cantidad de radiación UV, más melanina acumulada y mayor bronceado.

El pelo es otro mundo. Se compone de queratina, la proteína que conforma las uñas humanas y los cuernos de los

La piel se oscurece para proteger el cuerpo de los efectos nocivos de la radiación UV.

animales. El pelo no es un tejido vivo, sino que su desarrollo depende exclusivamente de la piel, y su coloración es fruto de la acción de la melanina —elaborada por los melanocitos en la piel— en su raíz. El pelo no produce melanina adicional; únicamente la piel puede hacerlo.

Imagina que cada pelo es como un cuerno de rinoceronte, pero finísimo y coloreado. En contacto con una intensa luz solar, tiende a palidecer, al igual que los huesos de los animales muertos en el desierto. La radiación UV desencadena una reacción química que destruye la melanina previamente depositada por el cuero cabelludo. De ahí que adquiera un tono más y más claro mientras el resto del cuerpo se oscurece cada vez más.

¿Por qué tenemos fiebre?

¡Por fin un juego para toda la familia!

A. Estoy sentado en un radiador, voy de esmoquin y estoy bebiendo café. ¿Qué temperatura tengo?

B. Estoy en una cueva helada, comiendo helado. Llevo puesto el bañador. ¿Cuál es mi temperatura?

C. Estoy enfermo y tengo mucha fiebre, pero me he tomado dos aspirinas. ¿Qué temperatura tengo?

Respuestas:
A. 37 ºC
B. 37 ºC
C. 38,5 ºC
si estoy en cama.

Todos lo hemos experimentado muchas veces. Pillas un resfriado, tienes la nariz como un grifo, te escuece la garganta y la piel está ardiendo al tacto. ¡Te has convertido en una especie de tostadora! Eso sin olvidar los escalofríos. Por muchas mantas que pongas en la cama, sigues tiritando. Es evidente: tienes fiebre.

Casi todos los vertebrados (animales con columna vertebral) tienen fiebre de vez en cuando, pero a pesar de que a todos ellos les sube la temperatura corporal cuando están enfermos, la fiebre sigue siendo un misterio. Aún no se ha podido descubrir de dónde procede el mensaje que ordena al organismo elevar bruscamente su temperatura, aunque los científicos han dado una explicación bastante convincente.

En general, la temperatura corporal se mantiene entre 36,5 y 37,3 ºC. (La antigua frontera de los 37 ºC no se cumple en la mayoría de las personas.) Al despertarnos por la mañana solemos tener la temperatura más baja del día, y al anochecer, la más alta, aunque esto es muy variable. Los expertos creen que el termostato del organismo es la glándula hipotálamo, situada en la zona central del cerebro, que se encarga de mantener estable la temperatura interior cuando la exterior sube o baja.

La fiebre mejora la eficacia de los macrófagos en su lucha contra las bacterias.

No obstante, al enfermar, el «termostato» se reinicializa y el calor se dispone a combatir la infección.

Cuando los microorganismos causantes de la enfermedad invaden el cuerpo, sus defensas reaccionan inmediatamente. Los macrófagos, células carroñeras del sistema inmunológico, se activan durante una infección. Mientras circulan por el torrente sanguíneo, detectan las células víricas y bacterianas.

A su vez, los macrófagos producen unas proteínas llamadas citoquinas, que también circulan por la sangre y entran en contacto con células nerviosas situadas alrededor del cerebro, las cuales, por su parte, envían mensajes al hipotálamo y al tallo encefálico, iniciándose una secuencia de aumento y disminución de distintos tipos de hormonas que provoca la fiebre.

Habitualmente, perdemos el calor generado por la actividad corporal a través de la piel, ya que la sangre circula justo por debajo de ella. Pero los cambios hormonales que tienen lugar durante un estado febril fluyen en dirección opuesta a la piel, hacia estratos más profundos del organismo, reduciendo la pérdida de calor. El sudor disminuye (de ahí que al remitir la fiebre, sudemos con profusión). En pocos minutos, la temperatura corporal puede subir entre 2 y 7 grados. ¿Cuál es la función de este incremento térmico? Por un lado, parece potenciar la capacidad «asesina» de los macrófagos, y por otro, dificulta la multiplicación de los microorganismos invasores.

¿Cómo ocurre? Al aumentar la temperatura, el cuerpo deja de quemar azúcar —el alimento predilecto de las bacterias— para generar energía y empieza a quemar proteínas y grasas. Asimismo, el estado febril hace que el paciente pierda el apetito, lo que provoca un nuevo descenso de los niveles de azúcar y, por consiguiente, el sustento de las bacterias, entrando en un estado letárgico en el que la escasa actividad muscular no requiere demasiado combustible.

El objetivo de todo este proceso consiste en conceder una ventaja al organismo «anfitrión» sobre los microorganismos. Así pues, la fiebre es un sistema de autodefensa orgánico contra las invasiones microbianas. Cuando el aumento de temperatura sólo sea de unos pocos grados, deja que hagan su trabajo; no destruyas su potencial con una aspirina o tilenol.

Sin embargo, una fiebre muy elevada (40 °C o más) puede ser tan peligrosa como cualquier enfermedad. Las temperaturas muy altas dañan el sistema nervioso central, provocan irregularidades en el pulso cardíaco y lesionan el cerebro. Para bajar la temperatura, los médicos aconsejan compresas frías y baños de agua tibia, o aspirina para los adultos. Si aun así la fiebre no remite, conviene acudir a urgencias del hospital más próximo.

¿LO SABÍAS?

El cuerpo de los animales de «sangre fría», como las serpientes, los peces, los lagartos y los insectos, siempre está a la temperatura ambiente, pudiendo alcanzar valores elevadísimos en el desierto bajo la insolación solar

¿Por qué se nos tapan los oídos al volar en avión o conducir por las montañas?

¡Qué asientos tan pequeños...!

Las incomodidades de viajar...
Una experiencia auditiva

¡Me duele la trompa de Eustaquio!

Imagina que vas en coche por una carretera de montaña, subiendo y bajando, subiendo y bajando. En un momento determinado, tus oídos parece como si se te hubieran llenado de una sustancia invisible; los sonidos se apagan. O quizá no adviertas ninguna alteración hasta notar el clásico «¡pop!». De repente, todos los sonidos del entorno —el motor del coche, el irritante llanto de tu hermanito, etc.—se vuelven más claros y fuertes.

Lo mismo ocurre en un avión; los oídos parecen taparse. El zumbido de los reactores se apaga, se aleja; las voces en la cabina se han convertido en un susurro. De pronto, el ¡pop! de siempre. Los motores vuelven a rugir y aumenta el volumen de la charla de los pasajeros. Tu capacidad auditiva ha vuelto a la normalidad de un modo tan enigmático como cuando te abandonó.

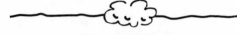

Los oídos chasquean cuando la presión del aire cambia de un modo brusco.

¿A qué se debe este fenómeno? Está relacionado con la presión del aire. Los oídos son muy sensibles a los cambios de presión, y así debe ser, pues la audición no es más que una reacción a la fluctuación de las ondas en el aire (ondas sónicas), cuya presión en los tímpanos aumenta y disminuye alternativamente.

El chasquido se produce cuando la presión del aire cambia drásticamente en el oído interno. Imagina que el aire que envuelve la Tierra es una manta de moléculas gaseosas. Cuanto más cerca estamos de la Tierra, mayor es la cantidad de aire que hay sobre nuestra cabeza presionando sobre nuestro cuerpo.

Pero a medida que aumenta la altitud, disminuye la presión del aire, cuya densidad disminuye paulatinamente hasta desvanecerse en el vacío (espacio sin aire). De ahí que la presión atmosférica sea menor en la cima de una montaña o alrededor de un avión en vuelo.

Aunque un avión comercial puede volar a 35.000 pies (10.500 m) sobre el nivel del mar, donde el aire está muy enrarecido, la presión atmosférica en la cabina se mantiene más elevada para que el pasaje pueda respirar sin dificultad. Aun así, suele ser equivalente a la que hay en la cima de una montaña de 1.500 a 2.500 m de altura.

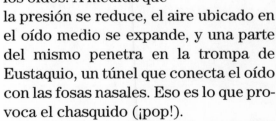

Un cambio rápido y considerable para los oídos. A medida que la presión se reduce, el aire ubicado en el oído medio se expande, y una parte del mismo penetra en la trompa de Eustaquio, un túnel que conecta el oído con las fosas nasales. Eso es lo que provoca el chasquido (¡pop!).

Cuando el avión empieza a descender, aumenta la presión, y el aire situado en el oído medio se comprime de nuevo. Incluso se puede producir un vacío parcial, es decir, un espacio sin aire, ya que la sangre tiende a absorber los gases.

El menor vacío en el oído hace que el aire fluya por las fosas nasales y la trompa de Eustaquio para llenarlo. Pero si ésta está obturada por mucosidades (a causa de un resfriado o una alergia, por ejemplo), el aire no puede atravesar la trompa. En tal caso, el fluido puede empezar a acumularse en el espacio vacío del oído, provocando una sensación de pérdida parcial de la capacidad auditiva que puede durar horas o incluso días.

No volverás a oír bien hasta que el fluido desocupe esa zona. Si la obturación es demasiado prolongada puede dañar el tímpano. Ésta es la razón por la que los médicos desaconsejan volar cuando se tiene la nariz muy congestionada.

¿LO SABÍAS?

Antes del clásico ¡pop! en los oídos, tu capacidad auditiva está mermada; la presión del aire no es la misma a ambos lados del tímpano y no puede vibrar con libertad.

No obstante, para combatir un taponamiento temporal de los oídos prueba a tragar saliva, bosteza o masca chicle mientras el avión o el automóvil desciende. Eso ayuda a liberar la trompa de Eustaquio y a equilibrar la presión del aire.

¿Por qué estornudamos?

Vamos, todos a la vez: ¡aaaa-chís! ¿No te sientes mejor? Estornudar es muy placentero, sobre todo cuando te empieza a escocer la nariz y no sabes qué hacer para remediarlo.

Las causas de los estornudos son muy diversas, aunque todos funcionan más o menos igual. El estornudo es un reflejo. Pero..., ¡sorpresa!, no es un reflejo de la nariz, sino un espasmo de la faringe (un tubo cónico situado al final de la boca que conecta el esófago y las fosas nasales) y del tórax.

Veamos cómo se desarrolla. Las células nerviosas de los tejidos nasales se excitan y envían impulsos al tallo encefálico, la sección del cerebro situada encima de la columna vertebral y que controla los actos involuntarios, tales como la respiración. (Los actos involuntarios son los que hacemos sin pensar; simplemente suceden.) El tallo encefálico reenvía las señales a los músculos pectorales, los cuales sufren un espasmo, contrayendo los pulmones. Los músculos de la faringe también se contraen, evitando que el aire expulsado por los pulmones penetre en la boca.

¿Adónde va, pues, el aire? Ya debes suponerlo. Directamente a la nariz: ¡un estornudo!

A diferencia de lo que hemos dicho al principio de este artículo, es imposible estornudar a voluntad, y si bien podemos reprimirlo parcialmente, no sin un considerable esfuerzo, no es recomendable hacerlo.

¿Por qué? El aire expulsado por la nariz al estornudar alcanza velocidades de 160 km/h. De ahí que apretar los labios, apretar la nariz o contener el aliento durante un estornudo puede crear una enorme presión del aire en las fosas nasales y la garganta, impulsando las bacterias de la nariz hacia las cavidades cubiertas de mucosidad de los huesos de la cara o incluso

¿Lágrimas, mucosidad, goteo de nariz...? ¡Estoy preparado!

El pañuelo de papel: un compañero insustituible

hasta los oídos, provocando infecciones.

Pero ¿por qué estornudamos? La nariz es el purificador de aire del organismo. Al penetrar en ella, se calienta, se humidifica y se limpia de partículas y bacterias para que llegue a los pulmones lo más cálido, limpio y húmedo posible.

El aire expulsado por la nariz al estornudar puede alcanzar los 160 km/h.

Pero en ocasiones, ese «filtro» no puede con todo, como cuando el viento te echa encima una nube de polvo. Las terminales nerviosas se irritan y expelemos violentamente las

Aunque nada puede resistir un...

partículas por las fosas nasales.

También estornudamos para eliminar las bacterias y los virus cuando se multiplican en exceso en la nariz (durante un resfriado, por ejemplo). El estornudo es uno de los métodos que usa el organismo para intentar deshacerse de sustancias perniciosas para la salud mediante un chorro de aire a presión. (Por desgracia, quienes pasan a nuestro lado al estornudar pueden inhalar nuestros virus y enfermar.)

... ¡vendaval de 160 km/h!

Los estornudos también forman parte de las reacciones alérgicas. Mucha gente estornuda al inhalar el polen de las plantas en suspensión.

Por último, también hay mucha gente que estornuda al salir a la calle en un día de sol radiante, sobre todo en verano. Los científicos creen que es una reacción de las células de la nariz a la radiación ultravioleta del sol.

¿Por qué somos alérgicos a algunas cosas?

¿Te gotea la nariz o se te tapa? ¿Te lloran los ojos? ¿Estornudas? ¿Tienes algo en la garganta que te obliga a carraspear?

Si todo esto te resulta familiar, quizá tengas una alergia, un extraño síndrome en el que el organismo, sin un motivo aparente, declara la guerra a un diminuto granito de polen o a la borra que forma el polvo debajo de la cama.

Según los científicos, estas curiosas reacciones se producen porque el cuerpo humano ha desarrollado mecanismos para combatir los parásitos invasores. (Los parásitos son organismos que penetran en el cuerpo para alimentarse de nuestra energía.)

Una reacción alérgica se produce cuando estos mecanismos del sistema inmunológico se descontrolan. En lugar de luchar contra un parásito, el organismo reacciona como si estuviera bajo el ataque del pelo del gato o de un

Ataques Habituales de Alergia Infantil

Ataque vegetariano...
Caracterizado por temblores, visión borrosa y odio a la coliflor.

Ataque contra la besuconería...
Caracterizado por desmayos, debilidad y labios que te rodean.

Ataque contra la limpieza del cuarto...
Caracterizado por aturdimiento y planes para ir al cine.

plato de huevos revueltos, por poner un ejemplo.

Los alergólogos dicen que hay dos tipos de células (cebadas y eosinófilos) que dirigen el combate. Ambas son de médula ósea, pero la sangre puede transportarlas a cualquier parte del cuerpo (nariz, garganta, pulmones, estómago, intestinos, etc.).

Imagina que eres alérgico al polen de los árboles. (¡Quizá no tengas que imaginarlo!) Hace un día precioso de primavera; los árboles brotan y florecen. Respiras un poco de polen del olmo del jardín: ¡alerta roja!

Los anticuerpos IgE (proteínas que forman parte del sistema defensivo de tu cuerpo) se adhieren a la superficie de las células cebadas y, juntos, dan caza a las partículas de polen, provocando una explosión en miniatura en la que las células cebadas (y los eosinófilos) segregan histaminas y otras sustancias. Las histaminas tienen un efecto inmediato en el organismo: los vasos sanguíneos se hinchan, los conductos del aire se estrechan y se bombea mucosidad, taponando la nariz y/o los pulmones. Te cuesta respirar; es como si te asfixiaras.

Los científicos han descubierto que el asma suele estar provocado por las cucarachas. El estiércol de este insecto, parecido a las semillas de amapola, puede estar en los hornos, los armarios y el parquet. Una casa infestada de cucarachas puede provocar asma en los niños y adultos cuando el horno caliente vaporiza el estiércol en el aire. Una desinsectación radical puede atenuar o eliminar los problemas respiratorios.

¿Qué provoca el picor y por qué nos sentimos aliviados al rascarnos?

¿**H**as tenido picor en una zona de la espalda inaccesible con la mano? ¡Menuda tortura! Cuando por fin alguien te rasca, te sientes mucho mejor. Pero poco después, vuelta a empezar, y ahora el picor es más intenso.

En realidad, quizá empieces a sentir picores mientras lees esto. El picor y el bostezo comparten esta característica: basta oír hablar de ello, para experimentarlo. Al fin y al cabo, el picor está relacionado con el cerebro, y éste, como el público hipnotizado en una sesión de magia, es muy sugestionable.

El dolor y el picor son sensaciones manifestadas a través de los nervios, aunque no tienen nada en común. Muchos investigadores han consagrado su vida al estudio del dolor: sus causas, su significado y cómo aliviarlo.

Pero según los médicos, el picor es un «síntoma huérfano». Se sabe muy poco de él y en algunos casos nada se puede hacer para combatirlo. No constituye una gran área de investigación en las universidades ni en los laboratorios farmacéuticos.

Según *The New England Journal of Medicine*, muchos investigadores dan por supuesto que lo que han aprendido sobre el dolor es aplicable al picor, ya que ambas sensaciones se transmiten en forma de impulsos eléctricos por las células nerviosas (neuronas).

Las neuronas tienen fibras que se extienden como los brazos de una estrella de mar. Existen tres tipos básicos de fibras nerviosas: A, B y C. La sensación de dolor y de picor viaja por las fibras C, las más pequeñas de las tres y que conducen más lentamente los impulsos eléctricos.

Sin embargo, los científicos creen

que pueden existir neuronas del «picor» diferentes de las del «dolor» que utilizan las fibras C para enviar sus impulsos irritantes.

Diversos factores evidencian el funcionamiento dispar del dolor y el picor. Por ejemplo, cuando sientes dolor, el sistema nervioso central elabora opiáceos naturales que actúan como la codeína u otros calmantes, aunque pueden incrementar el picor. Cualquier fármaco que bloquee dichos opiáceos lo aliviará.

Al igual que el dolor, el picor tiene un millón de causas, unas sin importancia y otras más graves: picadura de insectos, hiedras venenosas, quemaduras solares, piel seca, urticarias, piojos, varicela, sarampión, reacciones a fármacos, alergias, infecciones cutáneas, pies de atleta, anemia, soriasis, diabetes, hepatitis, cáncer, etc. Todas pueden activar los nervios del picor.

¿Cómo? Cuando te pica un mosquito, por ejemplo, tu organismo produce histamina, pues es alérgico a la saliva que el insecto deja en la herida. Esta sustancia viaja por los nervios y provoca picor. (La histamina es lo que hace que te escuezan los ojos en primavera, a causa del polen; las antihistaminas bloquean la histamina y atenúan el picor.)

¿Por qué alivia rascarse? Aunque los expertos no están plenamente convencidos de ello, dicen que rascarse estimula determinados nervios de la piel que ayudan a regular el viaje de los impulsos del picor a través de las células, creando cortocircuitos temporales.

Pero por muy placentero que pueda resultar, rascarse acaba empeorando las cosas, pues pone en marcha un ciclo interminable de «picor-rascar». Al rascarte, estimulas los nervios del picor, que exacerban su acción. Al rato,

no puedes parar de rascarte, e incluso corres el riesgo de provocar una infección de la piel.

¿Cuál es la mejor manera de erradicar el picor? Prueba con un paño humedecido en agua fría; un baño con levadura de pastelería o harina de avena; una loción de calamina o un gel de áloe vera. Los remedios caseros suelen ser eficaces para los picores moderados.

Rascar estimula los nervios del picor, que multiplican su acción.

¿Cómo percibimos los olores?

La venganza de los MALOS olores

No puede taparse la nariz para siempre

¡Ábrete de una vez!

¡Voy a hacerte vomitar!

Vas por la calle y detectas un olor tenue en el aire, una combinación de tierra húmeda, hierba cortada y ozono. Eso suele presagiar lluvia. De pronto, tu cerebro te evoca el recuerdo de una vez en la que estabas en el garaje resguardándote de una tormenta. Era verano y todo olía a lluvia, tierra mojada y hierba fresca a tu alrededor.

Helen Keller, sorda y ciega, escribió acerca del poder del olfato para reme-morar el pasado. «El olfato es un mago que nos transporta a miles de kilómetros de distancia y a través de los años vividos (...). Los olores pueden provocar una sensación inmediata de júbilo o de pena en mi corazón.» En efecto, el olor está íntimamente asociado al recuerdo y la emoción. Ver una fotografía de aquella vez en la que estabas en el garaje, observando la lluvia, sintiéndola en la mano o escuchando el chisporroteo de las gotas de agua en el tejado no evoca un recuerdo tan nítido de lo que sentías a los diez años como aspirar el aroma de aquel día lejano.

Compara el olfato con el gusto. La lengua sólo distingue lo dulce, amargo, salado y ácido. Pero la nariz humana es capaz de diferenciar más de diez mil olores distintos, desde el aroma del café recién molido hasta la cérea fragancia de una caja nueva de lápices de colores. (Tápate la nariz y verás que una manzana no se diferencia en nada de una zanahoria.) Vivimos inmersos en olores; cada inspiración nos trae nuevas sensaciones.

El sentido del olfato es tan poderoso que juega un papel primordial en la supervivencia. En efecto, permite a los animales encontrar pareja y comida. Una cría recién nacida busca la leche materna mediante el olfato, ya que sus ojos todavía son incapaces de distinguir el pezón con claridad. Lo mismo sucede con los bebés humanos. Asimismo, los alimentos en mal estado huelen fatal (a moho, a podredumbre), lo que nos permite evitar las intoxicaciones.

Los científicos están empezando a desvelar los misterios de este proceso. En las fosas nasales hay unos mil receptores olfativos independientes, ubicados en un área de tejido del tamaño de una peseta. Se componen de proteínas y permanecen adheridos a la superficie del tejido, salpicada de células nerviosas.

Dichas células están conectadas a través de minúsculas ramificaciones con los bulbos olfativos, cuyas fibras nerviosas llegan hasta el cerebro —sistema límbico—, la sede de las emociones.

La nariz humana distingue más de 10.000 olores, desde el aroma del café recién molido hasta la cérea fragancia de una caja nueva de lápices de colores.

Algunas moléculas odoríferas, como las que emanan de las flores, flotan en el aire y penetran en los receptores nasales, mientras que otras, como las de la comida, siguen otra ruta, ascendiendo por el fondo de la garganta.

Estas células tienen diversas formas (cuña, esfera, varilla, disco). Cuando una célula entra en contacto con un receptor odorífero, éste cambia de forma. Dicha alteración hace que la célula envíe una señal que viaja hasta el cerebro a través de los bulbos olfativos. El cerebro interpreta la señal como un olor específico (a tierra húmeda, por ejemplo).

Los expertos creen que

hay «familias» de olores y que las moléculas de cada una de ellas tienen formas similares. Existen siete familias o categorías de olores: mentolado, floral, almizclado, resinoso (trementina), agrio (vinagre), fétido (huevos podridos) y etéreo (a pera fresca, etc.).

Cada tipo de receptores parece percibir los componentes específicos de un aroma. Así, por ejemplo, una determinada combinación de componentes puede hacer que el cerebro llegue a la conclusión que está oliendo a «maíz tostado». Cambia los componentes y el cerebro dirá: «mazorca de maíz».

¿LO SABÍAS?

Muchos objetos que nos rodean, como los de cristal, no huelen, porque no se evaporan y envían moléculas al aire a temperatura ambiente.

¿Por qué lloramos al cortar cebollas?

La cebolla es una hortaliza muy especial: ¡nos entristece! Corta una y a los pocos segundos estarás llorando desconsoladamente. De ahí que sea muy utilizada por los actores en los melodramas teatrales... y un fastidio para los cocineros.

Durante años, los científicos han estudiado sus propiedades, y han descubierto que el proceso es similar al del ajo, aunque el resultado final es diferente.

Es difícil de creer, pero tanto las cebollas como los ajos pertenecen a la familia de las liliáceas, el grupo de plantas que incluye el lirio blanco, con su tallo largo y sus flores en forma de trompeta. Las cebollas y los ajos constituyen la parte bulbosa de la planta. Arranca una cebolla verde del huerto y descubrirás el pequeño bulbo que se oculta bajo tierra.

El hombre ha utilizado la cebolla y el ajo como condimento culinario desde tiempos inmemoriales, así como en medicina durante miles de años. Un tratado egipcio de medicina del año 1550 a. C. menciona el ajo en 22 de 880 fórmulas para combatir dolores de cabeza, mordeduras de animales, lombri-

Dos razones para llorar...

ces intestinales, tumores y patologías cardíacas. En China, el té de cebolla se ha usado para tratar las jaquecas, la fiebre y algunas enfermedades infecciosas mortales, como el cólera y la disentería.

En la actualidad, los expertos saben que los antiguos curanderos no estaban equivocados. En algunos casos, el aceite de ajo es más eficaz que la penicilina matando bacterias; también actúa como coagulante de la sangre, taponando rápidamente las hemorragias. De ahí que quienes comen mucho ajo son poco propensos a los ataques de corazón.

¿Qué tiene eso que ver con las cualidades lacrimógenas de la cebolla? Al cortar un bulbo de ajo, un enzima entra en contacto con otra sustancia química presente en la planta, transformándolo en alicina, un compuesto que confiere al ajo ese olor característico que se pega a los dedos (y al aliento). La alicina combate las bacterias y diluye la sangre.

De igual modo, al cortar una cebolla, entra en acción un enzima idéntico al que sintetiza la alicina en el ajo, reacciona con una sustancia presente en la cebolla y produce el llamado «factor lacrimógeno», cuyas minúsculas gotitas se elevan hasta los ojos, provocando escozor y estimulando las glándulas lacrimales.

Los científicos llevan mucho tiempo especulando por qué el ajo produce alicina y la cebolla el factor lacrimógeno. La alicina no sólo elimina las bacterias, sino también los hongos, protegiendo el bulbo de la planta contra la podredumbre, mientras que el factor lacrimógeno evita que los animales se coman las cebollas después de haberlas probado por primera vez.

¿LO SABÍAS?

Si quieres llorar menos, enfría las cebollas antes de cortarlas. El frío debilita el factor lacrimógeno.

¿A qué se debe que cada alimento tenga un sabor diferente?

El pastel de Ruibarbo y Trucha de tía Marta. Prueba de Sabor...

¡Demasiado dulce!

¡Demasiado salado!

¡A mis pies les encanta!

Quizá pienses que la respuesta reside en las papilas gustativas de la lengua. Pero haz una prueba: pínzate la nariz mientras masticas y tragas un bocado de comida. Su sabor desaparece como por arte de magia. Con la nariz tapada, tu helado favorito no se diferencia en nada de la coliflor que tanto detestas.

El gusto y el olfato tienen que trabajar codo con codo para que puedas percibir la fragancia de los alimentos. Incluso antes de hincar el diente en una naranja, olemos su inconfundible aroma a cítrico. Esto es así porque sus moléculas odoríferas flotan en el aire y penetran en las fosas nasales. Cada tipo de molécula odorífera tiene una forma característica, como los bloques de un juego infantil de construcciones, acoplándose en los receptores odoríferos correspondientes.

Al morder una naranja, se liberan más moléculas, que penetran a través de la garganta y alcanzan la sección posterior de las fosas nasales.

Pero el olor sólo es una parte del sabor; el resto se debe a la acción de unas pequeñas excrecencias distribuidas por la lengua y la boca, incluido el paladar, llamadas papilas gustativas, que están revestidas de fibras nerviosas y que identifican el tipo de alimento (salado, agrio, dulce o amargo), su temperatura y si es muy irritante, como en el caso de la pimienta.

Así pues, la boca reconoce los cuatro sabores básicos, además de la textura, la temperatura y el grado de picante, y la nariz identifica miles de olores. La combinación de los mensajes que envían al cerebro nos permite saber si estamos comiendo un helado de chocolate o un pollo al curry caliente.

Hay individuos «infragustativos» que nacen con sólo quince papilas gustativas por cada cm^2 de la lengua, y otros son «supergustativos», con más de mil. La mayoría de nosotros estamos en un nivel intermedio. Los supergustativos perciben el sabor con una extremada precisión (demasiado dulce, salado o amargo).

¿LO SABÍAS?

Los insectos y otros animales invertebrados poseen receptores gustativos en unos pelos especiales de las patas, pies y otras partes del cuerpo. Así, cuando una mosca se posa en un terrón de azúcar, su vello percibe inmediatamente el dulzor e identifica la golosina al instante.

Los infragustativos pueden estar degustando un plato saladísimo y seguir insistiendo en que está insípido. Pero el olfato equilibra el combate, ya que el aroma es la verdadera clave del sabor.

El fruto de la «planta milagrosa» del África occidental puede convertir un sabor en su opuesto. Dale un mordisco y algunas de sus proteínas se adherirán a los receptores de lo dulce de las papilas. Luego prueba un alimento ácido, como el limón. El ácido altera la forma de la proteína de la fruta, dirigiendo las moléculas del cítrico hacia los receptores de lo dulce: el limón te sabrá a caramelo.

¿Por qué enrojecemos, nos lloran los ojos y nos gotea la nariz al comer alimentos picantes?

En este momento, millones de personas de todo el planeta están comiendo alimentos picantes. La guindilla y el chile son tan populares que casi todas las misiones espaciales van equipadas con varias cajas de este tipo de condimentos.

Los botánicos (científicos que estudian las plantas) afirman que el origen de la guindilla hay que buscarlo en el Nuevo Mundo (América del Norte, América Central, América del Sur y las islas del Caribe). Los exploradores europeos entraron en contacto con tribus indíge-nas que comían chile, lo probaron y les gustó tanto la sensación de ardor que producía que cargaron barcos enteros de plantas y semillas y lo trajeron a Europa. Muy pronto se hizo popular en todo el mundo.

Los pimientos, tanto los de sabor suave como los picantes, pertenecen a la familia de las solanáceas, que curiosamente también incluye otras especies tan dispares como las patatas, las berenjenas, los tomates y el tabaco, además de la venenosísima belladona, entre otras.

Las pimenteras son plantas arbustivas. Su flor es blanca y pequeña, y en su interior crece el fruto: el pimiento verde o rojo, según las especies. Los pimientos son carnosos al tacto y están repletos de semillas.

Los hay de todos los tamaños (de 2 a 30 cm), colores (verde, rojo, amarillo, anaranjado) y sabores (de dulce a terriblemente picante). ¿Por qué nos «queman» la lengua, nos hacen enrojecer y estimulan el flujo nasal? Todo se debe a la capsaicina, una proteína cristalina.

Cuando la capsaicina entra en contacto con los terminales nerviosos de la boca y la lengua, es como una alarma de incendio conectada al cerebro. El ritmo cardíaco se acelera, fluye la adrenalina y los vasos sanguíneos se dilatan, provocando el enrojecimiento del rostro, el goteo de la nariz y el lloriqueo de los ojos.

Entretanto, la proteína en cuestión se adhiere a las células receptoras del sabor, haciéndonos más sensibles a él. No, no es tu imaginación; los pimientos picantes realzan el sabor de la comida.

Al entrar en contacto con los terminales nerviosos de la boca y la lengua, la capsaicina actúa como una alarma de incendios conectada con el cerebro.

Al percibir el dolor y tomar conciencia del riesgo de lesión, el cerebro libera endorfinas, los calmantes naturales del organismo —también se segregan durante la práctica de un ejercicio físico agotador—, generando una sensación muy placentera; tal vez sea ésta la razón por la que en ocasiones

Cuerpo de Bomberos

Alarma 1... Alarma 2... Alarma 3...

Empanadas de jalapeño   Tartitas de habanero anaranjado   ¡Sopa de Savina rojo!

experimentamos un ligero vahído al comer algo muy picante.

Los pimientos picantes tienen su propio sistema de coeficientes, una escala creada por el farmacéutico Wilbur Scoville en 1912 para ponderar el grado de ardor. El pimiento verde y dulce equivale a 0 unidades Scoville; el jalapeño, a 4.000; el tabasco, a 40.000; el terrible habanero anaranjado, a 300.000 unidades, y el Savina rojo de La Habana alcanzó el récord de 577.000, traspasando la frontera de lo que se puede considerar un alimento y convirtiéndose en... ¡un arma! Para que te hagas una idea, la capsaicina pura, es decir, la sustancia química en estado natural, equivaldría a ¡16 millones de unidades Scoville!

¿LO SABÍAS?

Los investigadores están usando extracto de pimiento rojo picante para tratar todo tipo de dolor. Al principio, la capsaicina estimula los receptores del dolor, pero después de varias dosis, los terminales nerviosos se insensibilizan o incluso mueren. La crema de capsaicina se emplea para aliviar el picor de la psoriasis y el ardiente dolor del herpes, y los caramelos de capsaicina han conseguido reducir el dolor de las llagas bucales producidas por la quimioterapia en los enfermos de cáncer.

¿Qué es el colesterol?

¿**C**ómo se llama la sustancia blanquecina y cerosa que se acumula día y noche alrededor del torrente sanguíneo en forma de pequeñas bolsas? Si has respondido «el colesterol», te has ganado una hamburguesa doble. Aunque después de leer este artículo, quizá no te queden ganas de probarla.

Solemos relacionar el colesterol con algo que hay en los alimentos, pero también es una parte importante de nosotros, tanto como el corazón, el hígado y los pulmones. Pertenece a una familia de sustancias llamadas lípidos, que también incluye las grasas (mantequilla, aceite de oliva, etc.), la cera de abeja y la vitamina A.

En el organismo, el colesterol es un componente de toda clase de células, algunas hormonas y la bilis, una sustancia que segrega el hígado y que facilita la digestión de las grasas que ingerimos.

En el cuerpo humano suele haber unos 150 g de colesterol, una cantidad que cabría en una lata de tomate pequeña. Es esencial para la vida; de ahí que nuestro organismo —sobre todo el hígado— elabore unos 5 g diarios de colesterol para reemplazar el consumido en la generación de células, hormonas y bilis. El cuerpo humano también absorbe colesterol de los alimentos animales (huevos, leche, carne).

Entonces, ¿a qué viene tanta polé-

LAD – LBD en un partido de fútbol americano

Ojo con la mayonesa en la yarda 50.

mica? Si es tan bueno para nosotros, ¿por qué suele decirse que provoca enfermedades cardíacas?

El colesterol, al igual que la grasa, no se disuelve en la sangre, sino que flota, circulando por todo el organismo en moléculas llamadas lipoproteínas. Las lipoproteínas de baja densidad (LBD) lo transportan desde el hígado hasta diversos órganos y tejidos, y las de alta densidad (LAD) lo hacen en sentido opuesto, desde los órganos hasta el hígado, para eliminar los excesos.

A lo largo de la historia, el hombre ha pasado de las dietas alimenticias bajas en grasas y altas en fibra de nuestros antepasados (frutas, verduras, hortalizas, cereales, carne magra) a otras ricas en grasas (salsas cremosas, mantequilla, pasteles, helados y... ¡hamburguesas dobles!). Por otro lado, ha pasado de realizar trabajos físicos duros a jornada completa (agricultura, construcción, caza) a sentarse en las oficinas. El objeto más pesado que levantamos hoy en día podría ser una agenda.

Cuanto más grasas saturadas contiene nuestra dieta, más colesterol produce el hígado. (Las grasas saturadas son las que se conservan en estado sólido a temperatura ambiente, como la mantequilla, la grasa de la carne, la yema de los huevos y la que hay en el queso y la leche entera.) Empezando desde niños, los excesos de colesterol y grasas pueden adherirse a las paredes de las arterias.

Con la edad, las paredes se dañan, pudiendo formar cicatrices en los tejidos y oclusiones sanguíneas, quedando menos espacio para la circulación de la sangre. A veces, las arterias se taponan tanto que la sangre que fluye al corazón queda bloqueada casi por completo, acusando la escasez de oxígeno y convirtiendo un ligero paseo en una escalada al Everest. Basta un pequeño coágulo de sangre para obstruir por completo una arteria y provocar un ataque al corazón.

Al igual que la grasa, el colesterol no se disuelve en la sangre, sino que flota.

Las LAD deberían eliminar los excesos de colesterol, pero al hacer poco ejercicio físico, alimentarnos mal y pesar demasiado, los niveles de LAD son muy bajos, lo que obliga a la LBD a depositarlos en las paredes arteriales.

He aquí cinco formas para «engañar» al organismo con el fin de que cargue una mayor cantidad de colesterol en los camiones de las LAD en lugar de depositarlo en las arterias:

1. Sustituye una buena parte de las grasas saturadas de tu dieta por aceite de oliva, aguacates y frutos

secos, cuyas grasas «monoinsaturadas» estimulan la producción de LAD sin aumentar las LBD.

2. Adelgaza si estás obeso. Demasiada grasa corporal, sobre todo en el vientre y el tórax, aumenta las LBD y reduce los niveles de LAD. Hazlo poco a poco y bajo control médico, comiendo un poco menos y aumentando ligeramente la actividad física. Al perder peso, tus LAD se incrementarán.

3. Muévete. El verdadero ejercicio físico, el que te hace sudar, eleva las LAD entre un 5 y un 15 %. Basta media hora o una hora diaria caminando a buen ritmo, nadando, corriendo, yendo en bicicleta o practicando otro deporte. (Las personas normales tienen un nivel de LAD de 45; algunos atletas llegan a 110.)

4. Toma más vitamina C y E. La primera se contiene en muchas frutas y verduras, en especial las naranjas, cantalupos y brócolis; la segunda está presente en los aceites vegetales, frutos secos, ñames y otras verduras.

5. Evita fumar, incluyendo respirar el humo de otros fumadores. El tabaco reduce drásticamente los niveles de LAD. ¿Será una coincidencia que los fumadores sufran más enfermedades cardíacas que los no fumadores?

¿Por qué es perjudicial para los pulmones el tabaco?

Un cigarrillo contiene entre 2.000 y 4.000 sustancias químicas diferentes, unas presentes en las hojas del tabaco y otras añadidas para darle sabor o para que combustione de un modo más uniforme. Muchas de las sustancias que emanan durante la combustión de un cigarrillo están catalogadas como cancerígenas. Entre estos gases tóxicos figuran el cianuro, el formaldehído y el monóxido de carbono, el gas letal e inodoro que expelen los automóviles por el tubo de escape. El humo que llega a los pulmones también contiene pesticidas con los que se pulverizaron las plantaciones de tabaco.

Los materiales en combustión al fumar se llaman alquitranes. Cuando exhalas el humo después de cada calada, sólo eliminas el 30 % de estas partículas; el resto se acumula en los pulmones en forma de hollín.

Con los años, la inhalación de partículas en combustión y gases tóxicos altera los pulmones. La sangre transporta hasta los alvéolos el dióxido de carbono que luego exhalas, al tiempo que vuelve a oxigenarse. El tabaco los dilata e incluso puede llegar a destruirlos.

Los fumadores experimentan una tos irritativa por la mañana al levantarse. Con el tiempo, algunos de ellos desarrollan un enfisema. Los alvéolos están tan dilatados, que son incapaces de absorber el oxígeno que necesitan. A medida que empeora el enfisema, el menor esfuerzo se traduce en asfixia, aunque sólo sea desplazarse de una estancia a otra de la casa. El enfisema puede ser mortal.

Después de varios años fumando, las células que revisten las vías respiratorias principales que acceden a los pulmones adquieren un aspecto peculiar. El tejido se vuelve duro y fibroso —células «precancerosas», según los científicos—. Al final, un gran número de fumadores acaba desarrollando un cáncer. Las células empiezan a dividirse como locas, perdiendo sus funciones como células pulmonares y formando tumores que se extienden por los pulmones, aunque también pueden desprenderse y llegar hasta los huesos y el cerebro a través de la sangre. El cáncer de pulmón es uno de los más difíciles de tratar; la mayoría de los pacientes mueren.

Asimismo, el humo invade continuamente la boca y la garganta, pudiendo provocar cáncer en estas zonas. Y por si todo esto fuera poco, fumar ocasiona graves trastornos arteriales. Algunas sustancias químicas de la com-

---

Cuando exhalas el humo del tabaco después de cada calada, sólo eliminas el 30 % de las partículas en combustión. El resto (70 %) se acumula en los pulmones en forma de hollín.

---

bustión aceleran el proceso de taponamiento arterial con colesterol, grasas, coágulos sanguíneos y leucocitos. ¿El resultado? Infartos y apoplejías.

Fumar también desequilibra el sistema inmunológico, quizá porque se ve obligado a trabajar más de la cuenta desintoxicando el organismo de las sustancias químicas derivadas de la combustión del tabaco. Esto hace que sea incapaz de combatir otras enfermedades. De ahí que los fumadores presenten un grado muy elevado de otros tipos de cáncer, contrayendo resfriados, gripes y bronquitis más a menudo.

Los hijos de los fumadores también sufren. Los bebés de las madres que fuman durante la gestación suelen nacer con una capacidad pulmonar reducida o con problemas respiratorios, lo que más tarde propicia la aparición de asma y otras patologías pulmonares.

La inhalación del humo del tabaco puede perjudicar los pulmones y el corazón de los no fumadores. El «humo de segunda mano» carece de filtro e incluso contiene más alquitranes y contaminantes que el que penetra en las vías respiratorias del fumador. Muchos estudios han demostrado que los fumadores pasivos tiene un mayor riesgo de contraer cáncer de pulmón y enfermedades cardíacas que quienes viven en un entorno doméstico o laboral sin tabaco.

Los expertos de la hiperpolucionada ciudad de Los Ángeles decidieron calcular la cantidad de humo de cigarrillo presente en la atmósfera. Tomaron muestras del *smog* y lo analizaron. Cuál fue su sorpresa al descubrir que una de cada cien partículas procede de la combustión del tabaco.

¿Cómo afecta el alcohol al organismo?

El alcohol es una droga que, para bien o para mal, ha sido consumida por el ser humano durante miles de años para atenuar la ansiedad y el dolor físico, y para crear una sensación relajada y desinhibida.

Aunque a menudo la publicidad de cerveza nos muestra un sinfín de felices bebedores en una playa soleada, la realidad del alcohol es mucho más sombría. En el mejor de los casos, puede provocar náuseas y jaquecas. En algunas personas la bebida se puede convertir en un hábito; dependen del alcohol para sobrevivir un día tras otro. Y en el peor, puede causar la muerte.

El alcohol se descubrió hace miles de años, mezclando fruta, miel, cereales u otras plantas con agua, y dejando reposar la mezcla al sol durante algunos días para su fermentación. Las células de la levadura se alimentan de los nutrientes presentes en los productos alimenticios y liberan residuos, tales como el gas dióxido de carbono y el etanol (un tipo de alcohol). Día a día, el etanol se va disolviendo en la mezcla líquida.

A medida que las células de la levadura siguen «engordando», la acumulación de etanol aumenta, hasta que al final acaban nadando en su propio producto residual. Cuando el etanol alcanza entre un 12 y un 18 % del líquido, las pequeñas células enferman y mueren, depositándose en el fondo del recipiente. Al elaborar el alcohol cavan su propia tumba.

Pues bien, el alcohol tiene efectos similares en el organismo a partir del primer sorbo. Las membranas mucosas de la garganta lo absorben, los pulmones se inundan de sus vapores, mientras que el estómago y el intestino delgado absorben el resto. El alcohol accede al torrente sanguíneo a través de todos estos órganos.

Bebe como un cosaco, te sentirás como un mono...

No verás nada, pues perderás la concentración...

Si el estómago está lleno de comida, puede tardar hasta 6 horas en absorber por completo una sola copa de alcohol. Pero si ésta se precipita en un estómago vacío, penetra en la sangre en menos de una hora.

Al ser soluble en agua, el alcohol se disuelve igualmente en la sangre —agua en su mayor parte—, y muy pronto fluye libremente por todo el cuerpo.

No oirás nada, pues te zumbarán los oídos...

Los órganos que utilizan mucha sangre, como el cerebro, reciben un impacto inmediato.

Una pequeña dosis de alcohol en la sangre actúa a manera de estimulante, pero a medida que aumenta su cantidad, perturba la actividad de las células nerviosas y el cerebro se vuelve cada vez más lento a la hora de razonar.

Los músculos se descoordinan, es difícil caminar en línea recta, se tienen dificultades al hablar, se perciben las propias palabras como un sonido balbuceante e ininteligible, la lengua y los labios no funcionan como es debido. (Todo esto explica por qué un automóvil en manos de un conductor ebrio se convierte en un arma letal.)

Si se sigue bebiendo, las respuestas se ralentizan progresivamente. Podemos cortarnos y no sentir dolor, por ejemplo. Por último, se pierde la conciencia.

No obstante, la intoxicación etílica

Al elaborar el alcohol, las células de la levadura cavan su propia tumba.

también puede producirse con rapidez. Una ingestión masiva e instantánea de licor (en una apuesta, por ejemplo) puede provocar un colapso cardíaco y la muerte, ya que el sistema nervioso, que controla la respiración y el pulso cardíaco, cae en picado como una línea eléctrica en una tormenta.

No podrás hablar, pues parecerás estúpido.

¡Glub!

¿Cómo es posible que los ácidos gástricos no dañen el estómago?

En algunas culturas, los seres humanos se alimentan del estómago de otros animales. (El plato escocés *haggis*, por ejemplo, es estómago de oveja relleno de carne y harina de avena cocido al horno.) Nuestro estómago digiere estos estómagos con suma facilidad, saliendo ileso después de consumir el baño de ácido de cada ágape. ¿Cómo ocurre?

Veámoslo. El estómago elabora una considerable dosis de jugo gástrico al día (alrededor de seis vasos), una sustancia muy ácida a causa de uno de sus principales ingredientes: el aterrador ácido clorhídrico.

¿Hasta qué punto es poderoso ese ácido estomacal? Al igual que el que fabrica nuestro estómago, el ácido clorhídrico es capaz de corroer por completo una pieza metálica de cinc y matar cualquier célula viva. (De ahí que las salpicaduras en la piel provoquen graves quemaduras.) El ácido clorhídrico no sólo descompone los alimentos, sino que también elimina las bacterias intrusas.

Pero los jugos estomacales contienen algo más que ácido. El ácido está disuelto en una mezcla de agua; electrolitos (sodio, potasio y calcio); y unos enzimas llamados pepsinas que destruyen las proteínas. Al igual que el ácido, las pepsinas también constituyen una amenaza para las células vivas.

Al igual que el que fabrica nuestro estómago, el ácido clorhídrico puede corroer por completo una pieza metálica de cinc.

Este potente jugo gástrico ataca los alimentos masticados tan pronto como llegan al estómago procedentes del esófago, empezando a descomponerse hasta formar una masa casi líquida: el quimo.

¿Cuál es el origen del ácido y la pepsina? Cuando empiezas a masticar y tragar alimentos, se desencadena una reacción en cadena de sucesos en el estómago. La acción de tragar estimula el nervio vago, que discurre hasta el tórax, y el estómago advierte la entrada de la comida, que atenúa el equilibrio ácido estomacal.

En respuesta a estos acontecimientos, el estómago libera rápidamente algunas hormonas en el torrente sanguíneo. Una de ellas es la gastrina, que se desplaza por la sangre al encuentro de las células productoras de ácido presentes en el estómago (parietales) con un mensaje muy concreto: «¡Ya!». Entonces, las células parietales entran en acción, utilizando átomos de hidrógeno y cloro, un compuesto químico presente en la sal común, para producir ácido clorhídrico.

Entretanto, otras células gástricas, llamadas maestras, segregan una sustancia llamada pepsinógeno. El ácido clorhídrico contribuye a que el agua penetre en el pepsinógeno y, como por arte de magia, éste se transforma en el enzima mastica-proteínas que conocemos como pepsina.

¿Qué protege el estómago del ácido y la pepsina? Ante todo, una de nuestras más repelentes y viejas amigas: la mucosidad. En efecto, la mucosidad en el estómago lubrica el alimento para que pueda circular con facilidad por el tracto digestivo. Pero también forma un grueso revestimiento en la superficie interna del estómago para evitar que sea digerido por sus propios jugos corrosivos. A medida que el ácido y la pepsina penetran en la mucosidad, son reabastecidos conti-

nuamente por el incansable tabique estomacal.

Y aquí está la sorpresa: el revestimiento del estómago también fabrica su propio antiácido, segregando bicarbonato, uno de los principales ingredientes del Alka-Seltzer, para neutralizar el temible ácido.

¿LO SABÍAS?

El poder corrosivo del ácido clorhídrico del estómago es mil veces superior al de la saliva.

¿Es necesario el apéndice?

«Batallitas» entre Apéndices...

Tenía la válvula taponada por un <u>zapato</u> y me lo extirparon.

Eso no es nada. Yo tenía un <u>maletín</u> y también me lo quitaron.

Algunos órganos del cuerpo se hacen notar ostensiblemente: tienes apetito y te gruñe el estómago; corres y se acelera el ritmo cardíaco.

Pero otros pasan inadvertidos; podemos pasarnos toda la vida sin ni siquiera saber que están ahí. Éste es el caso del apéndice; sólo nos damos cuenta de su presencia cuando enferma. ¿Cuáles son los síntomas de la apendicitis? Dolor en el lado derecho inferior del abdomen, náuseas, vómitos y fiebre.

La extirpación del apéndice no parece suponer ningún descalabro para el organismo. Durante muchos años, los cirujanos creyeron que era un pequeño órgano «vestigial» que en su día, hace millones de años, desempeñó una función específica, pero que ahora ya no tenía ninguna razón de ser.

Hoy en día, los investigadores han elevado el apéndice al lugar que le corresponde. Según dicen, forma parte del sistema inmunológico del organismo, es decir, contribuye a combatir infecciones segregando anticuerpos en los intestinos para que luchen contra los gérmenes invasores.

¿Qué aspecto tiene ese órgano? Está situado en el lado derecho del abdomen inferior, donde el intestino delgado desemboca en el intestino grueso. Mide unos 7 cm de longitud y menos de 1 cm de anchura, aunque algunas personas poseen apéndices de más de 25 cm de longitud que se adaptan a la curvatura del costado derecho.

En el punto de unión con el intestino hay una pequeña puerta llamada válvula de Gerlach. Al igual que la nariz, el apéndice produce mucosidad, liberándola en el intestino grueso a través de dicha válvula.

Pero si algo obtura ese paso, sobreviene el problema. La mucosidad se acumula y empieza a ejercer presión (piensa en tu nariz cuando está saturada de mucosidad). Las paredes del apéndice y los vasos sanguíneos que las riegan se constriñen paulatinamente.

Resumiendo el proceso: las bacterias presentes en el apéndice, que casi nunca crean dificultades, se multiplican de un modo incontrolado y el pequeño órgano no tarda en desarrollar una infección galopante.

¿Qué bloquea la válvula de Gerlach? Algo que has tragado sin darte cuenta, como el hueso de una cereza, un pedacito de chicle o incluso un dien-

te, aunque lo más habitual son las heces intestinales, que en ocasiones penetran por la abertura del apéndice y se secan.

Así es como se inicia una apendicitis. Tarde o temprano, una de cada quince personas acaba sufriendo esa patología. Si no se opera, la situación empeora, ya que el apéndice suele inflamarse y reventar, diseminando las heces por todo el organismo; una infección letal que se conoce como peritonitis.

El apéndice forma parte del sistema inmunológico y contribuye a combatir las infecciones del organismo.

Por fortuna, el órgano se extirpa con suma facilidad y las posibles infecciones derivadas de la intervención quirúrgica se previenen con antibióticos. ¡No te preocupes! A pesar de la función que desempeña en el sistema inmunológico, nos las podemos arreglar bastante bien sin apéndice.

¿Cómo se origina la voz humana?

Todas las voces del mundo, desde la soprano tiple de algunas cantantes de ópera hasta los barítonos de algunos anuncios publicitarios, pasando por el farfulleo de los chiquitines en el parque, tienen su origen en la laringe, una cámara hueca suspendida en la garganta.

En realidad, la laringe es una especie de válvula situada sobre la tráquea que recibe ráfagas de aire procedentes de los pulmones. Es eminentemente cartilaginosa (el cartílago es una materia semidura que también conforma la nariz y las orejas) y su interior está revestido de una membrana salpicada de glándulas mucosas que evitan que se seque con el constante paso del aire.

En el interior de la laringe están las cuerdas vocales, dispuestas en forma de V entre la sección posterior y anterior. Al igual que las cuerdas de un violín, que vibran con el frotamiento del arco, las cuerdas vocales lo hacen con el aire.

Los pulmones son los motores de la voz. Actúan a modo de fuelles en una antigua herrería, impulsando una corriente de aire hacia la tráquea y la laringe. (De ahí que las personas con en-

fermedades pulmonares suelan tener una voz muy débil.)

Cuando estás callado, las cuerdas vocales están relajadas y abiertas, dejando pasar el aire en silencio al respirar. Pero cuando empiezas a hablar, los músculos tiran de ellas, tensándolas para producir sonidos agudos y dilatándolas para generar los graves. (Haz una

Los pulmones son los motores de la voz.

prueba: pon los dedos en la nuez, la pequeña protuberancia de la cara anterior del cuello, y di «aaa»; esta sensación de vibración procede de las cuerdas vocales.)

Al vibrar, las cuerdas emiten ondas acústicas que, de camino al exterior, pasan a través de la faringe, un conducto cónico que une el esófago y la boca. Este órgano modula el sonido y le da cuerpo.

Pero si sólo dispusiéramos de los pulmones, la laringe y la faringe para formar la voz, nos limitaríamos a emitir gruñidos incoherentes. Para hablar necesitamos articuladores, es decir, estructuras que transformen el sonido en palabras. Si quieres verlos, abre la boca frente a un espejo. Ahí están: las mandíbulas, los dientes, los labios, la lengua y la sección anterior y posterior del paladar.

¿Has visto alguna vez a alguien practicando yoga? De vez en cuando, cambia la posición de los brazos, las piernas y el resto del cuerpo. Pues bien, cada vez que tienes que hacer un nuevo sonido, las partes de la boca se recolocan automáticamente. Desplazando las estructuras bucales en miles de combinaciones podemos emitir todos los sonidos que nos hacen falta para hablar.

Si deseas analizar el yoga del habla, modula el sonido «eee» y luego «eeem» delante de un espejo. Verás lo diferente que es la posición de las mandíbulas, los labios y los dientes en ambos casos, y cómo el paladar vibra de un modo distinto.

¿Por qué ronca la gente?

Roncar puede convertir a una persona dormida en una atronadora máquina infernal. De hecho, muchas personas roncan tan fuerte que se las oye desde la estancia contigua. ¿Cuál es el máximo nivel acústico de un ronquido? Los investigadores lo han medido; algunos alcanzan los 80 decibelios, es decir, el ruido de un martillo hidráulico perforando el cemento en una acera.

A la hora de roncar, las diferencias entre los sexos son evidentes: el número de hombres duplica el de mujeres. Por otro lado, las secuencias más potentes se producen cuando están profundamente dormidos, aunque el ronquido parece remitir cuando se inicia una fase de sueño.

¿Cómo empieza? Cuando te duermes, los músculos se relajan. Si estás echado boca arriba, la lengua y las mandíbulas se deslizan un poco hacia atrás, taponando parcialmente la abertura que une las fosas nasales con la parte posterior de la garganta y dificultando la entrada y salida de aire de los pulmones.

Respiras principalmente por la boca. El aire que entra hace vibrar el suave tejido del paladar, produciendo un ligero ronquido. Pero a medida que sigues respirando por la boca, se seca una mayor superficie de tejido y aumenta la potencia acústica.

Cualquier cosa que dificulte la respiración normal de una persona que no ronca puede generarle ese hábito, aunque sólo sea temporalmente. Es el caso de los resfriados, alergias y amígdalas inflamadas.

A veces, roncar puede ser un síntoma de un cuadro más grave: la apnea, es decir, un trastorno respiratorio en el que el sujeto dormido deja de respirar por completo durante unos segundos o incluso minutos. Al final, reanuda la secuencia respiratoria

Usos alternativos del ronquido

RRRonc

Acompañamiento de un relámpago...

... Derribos...

con un ronquido explosivo. Quienes sufren apnea suelen ser varones obesos de más de 40 años. Hay que acudir al médico cuanto antes.

¿Cómo se puede mitigar el ronquido? Según los médicos, lo primero que hay que hacer es adelgazar y, luego, dormir con dos almohadas, elevando un poco la cabeza para facilitar la respiración.

Y quienes están condenados a dormir en la misma habitación que el roncador de turno, siempre pueden recurrir al método tradicional del codazo en las costillas o empujarlo para que se eche de costado. Un antiguo remedio casero aconseja coser una pelota de tenis o de golf en la parte posterior del cuello del pijama del roncador. De este modo, cuando se pone de espaldas, se encuentra incómodo y vuelve a colocarse de lado. (¡La clave consiste en conseguir que se lo ponga, claro!)

A la oficina de patentes siempre llegan nuevos dispositivos antirronquido.

Algunos ronquidos alcanzan los 80 decibelios, el mismo ruido que un martillo hidráulico perforando una acera.

Uno de ellos es una especie de reloj de pulsera con un micrófono que capta el sonido del ronquido y emite un zumbido cuando alcanza un nivel considerable. Se supone que el sujeto dormido cambiará de posición. Otro consiste en una pequeña tira adhesiva que mantiene abierta la nariz; así no necesita respirar por la boca. Y otro más, administra un pequeño shock eléctrico al desdichado roncador.

¡No lo soporto

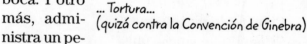

... Tortura...
(quizá contra la Convención de Ginebra)

¡Hora de acostarse! ¿Nadie tiene sueño? ¡Qué raro!

¿Por qué necesitamos dormir?

El sueño es un enigma. Después del trasiego diario, de pronto experimentamos el deseo de echarnos y cerrar los ojos, y mientras nuestro cuerpo reposa en la cama, la mente parece irse de vacaciones. Nadie sabe a ciencia cierta por qué dormimos, pero en este preciso momento, miles de millones de personas en todo el planeta están tumbados, inmóviles, con los ojos cerrados y gozando de bellas ensoñaciones —o sufriendo pesadillas.

Los bebés son los que más duermen; 16 horas al día, incluyendo los sesteos. A los adultos nos basta entre 7 y 9 horas. Pero a medida que envejecemos, cada vez dormimos menos. A los ochenta, seis horas son más que suficientes.

Los científicos han elaborado muchas teorías sobre el sueño, como por ejemplo la evolutiva. Para los animales (y humanos) que duermen por la noche, el sueño puede tener un valor esencial para su supervivencia. Desplazarse en la oscuridad es peligroso; es más fácil tener accidentes y más difícil eludir a los depredadores. Asimismo, la noche es más fría que el día. Acurrucándose en un lugar cálido y resguardado, el cuerpo conserva la energía hasta el siguiente amanecer.

Sin embargo, hace poco, los expertos han descubierto lo que podría ser la pieza clave de este rompecabezas. El sueño, dicen, es el período en el que el organismo se recupera. El sueño es reparador. Es curioso cómo a veces la ciencia acaba repitiendo lo que ya decían nuestras abuelas.

Un sistema inmunológico sin sueño es como un árbol sin luz del sol o un coche sin gasolina.

Veamos por qué. Al parecer, el sueño es un ingrediente esencial para que el sistema inmunológico funcione correctamente. Podemos alimentarnos bien, tomar vitaminas y hacer ejercicio, pero si no dormimos, nada de eso cuenta. Un sistema inmunológico sin sueño es como un árbol sin luz solar o un coche sin gasolina. Al final, se detiene.

La importancia del sueño quedó demostrada en diversos experimentos con ratones. Los científicos los obligaron a permanecer despiertos. Pronto empezaron a morir. Al tomar muestras de sangre descubrieron que la causa había sido una infección sanguínea masiva.

¿Por qué? Las bacterias, tanto las benignas como las malignas, siempre están presentes en los organismos vivos. Lo que les sucedió a los ratones fue que estas bacterias se descontrolaron; el sistema inmunológico se colapsó a causa de su debilitamiento progresivo. Las bacterias se multiplicaron e invadieron la sangre.

La escasez de sueño también perjudica al ser humano. Los científicos se aseguraron de que 23 hombres durmieran cuatro horas menos de lo normal la tercera noche de su estancia en un laboratorio de sueño. Al día siguiente, la acción natural de las células asesinas de su sistema inmunológico se había reducido en un 30 %.

Según parece, durante el sueño, nuestro sistema defensivo limita la multiplicación de los gérmenes, cura las heridas, repara los desgarros musculares y corta de raíz el cáncer incipiente. No hay nada como dormir bien para mantenerse sano y vivir muchos años.

¿Por qué son sonámbulas algunas personas?

El sonambulismo va por familias

Lo recuerdo perfectamente. Tenía 9 o 10 años y me encontré en mitad de la noche en la cocina, cogiendo mi vaso de aluminio que estaba sobre la encimera. Me había levantado y había recorrido todo el pasillo sin darme cuenta.

Pero no estaba despierta ni soñaba. Me sentía como una especie de fantasma, etérea, flotante, mientras observaba el entorno a través de una neblina.

No sé cómo, pero regresé a la cama y lo siguiente que recuerdo es que ya era por la mañana.

Una cuarta parte de los niños son sonámbulos de vez en cuando, aunque no lo recuerden. En los adultos, la cifra es más baja: sólo un 1 %. Por otro lado, el sonambulismo es genético, va por familias.

Durante la noche, el cerebro alterna períodos de sueño con y sin ensoñación. El primero se denomina sueño con movimiento rápido de los ojos (REM), ya que no paran de agitarse continuamente bajo los párpados. Durante el REM, todos los músculos están paralizados excepto los oculares y respiratorios.

El sonámbulo permanece en un estado de absoluta confusión, medio despierto, medio dormido, fruto de una leve «avería técnica» en el cerebro.

Una cuarta parte de los niños son sonámbulos.

El sonambulismo se produce cuando el individuo está dormido, pero sin soñar. Al no estar en una fase REM, sus músculos no están paralizados. En general, las correrías nocturnas suelen ser inocuas (un paseo por la casa, hasta el lavabo, etc.), pero las de algunas personas son mucho más accidentadas (se encierran en un armario, se caen por las escaleras, etc.).

Estos episodios de sonambulismo pueden incluir los llamados «terrores nocturnos». El niño o el adulto se incorpora de repente en la cama, suelta un terrible alarido y luego corre por la casa luchando contra enemigos imaginarios. El sujeto no está soñando —no se trata de una pesadilla—, sino que se halla en un estado de semivigilia, con pensamientos pavorosos y sensaciones de peligro, y lo peor es que su mente consciente no puede hacer nada para evitarlo. A los pocos minutos, regresa a la cama, y por la mañana no suele recordar nada.

Hay otro tipo de sonambulismo más infrecuente derivado de un fallo en el mecanismo que paraliza el cuerpo durante la fase REM, de tal modo que la persona puede moverse mientras sueña, exteriorizando su «aventura» personal, a veces con trágicas consecuencias.

Aunque la tendencia al sonambulismo es hereditaria, algunos factores también pueden propiciar un episodio: dormir muy poco durante varios días seguidos, ingerir demasiada cafeína o alcohol, hallarse bajo un gran estrés y tener un horario de trabajo irregular (de seis de la mañana a dos de la tarde un día, de medianoche a ocho de la mañana el siguiente, etc.).

¿Qué debes hacer con un sonámbulo o con alguien que está sufriendo un episodio de terror nocturno? No le despiertes. Limítate a llevarle de nuevo hasta la cama.

¿Qué provoca el dolor de cabeza?

¿Te has pasado varias horas sentado frente al ordenador?, ¿has comido mucho helado?, ¿estás resfriado?, ¿hace más de ocho horas que no comes?, ¿has dormido muy poco?, ¿has comido un perrito caliente?, ¿has hecho un viaje en avión?, ¿te has peleado con tu hermano? Cualquiera de estos casos, además de muchos otros sucesos ordinarios, pueden darte dolor de cabeza.

Sin embargo, a pesar del dolor que produce, no suele ser un síntoma de que algo anda mal en tu organismo. Es normal tener dolores de cabeza de vez en cuando. Algunos son muy dolorosos; otros, simplemente molestos. Su proceso aún no se conoce a fondo, aunque los científicos lo siguen estudiando. Incluso existe una revista especializada llamada *Headache*.

Un dolor de cabeza no es un suceso único, sino una cadena de sucesos. El cerebro propiamente no siente dolor alguno, pero los cambios químicos que se producen en él pueden afectar a los vasos sanguíneos (dilatación o contracción) y a los músculos de la cabeza (agarrotamiento). Eso es lo que provoca el dolor.

Las alteraciones cerebrales se producen cuando aumenta o disminuye el número de neurotransmisores, las sustancias químicas que envían los mensajes a través de las células nerviosas y que permiten al cerebro pensar, ordenar acciones, almacenar recuerdos y evocar emociones. Los neurotransmisores pueden ser ínfimas cantidades de hormonas, como la noradrenalina, o incluso gases, como el monóxido de carbono.

Su aumento o disminución depende de lo que comemos, de cuánto dormimos, de las medicaciones que tomamos, de si estamos en situaciones de tensión, etc., y su fluctuación ocasiona la dilatación o contracción de los vasos sanguíneos en forma de espasmos, irritando los terminales nerviosos adyacentes: ¡dolor de cabeza!

La mayoría de ellos son poco importantes. Si te saltas una comida, por ejemplo, es posible que sientas un dolor punzante en la cabeza —los vasos sanguíneos se dilatan al descender los niveles de azúcar—, al igual que el esfuerzo ocular derivado de trabajar con un ordenador o de leer demasiado; los nitritos presentes en los perritos calientes y el bacon también pueden desencadenarlo, del mismo modo que los alimentos muy fríos; si decides dejar de tomar café o té puede dolerte la cabeza durante varios días: la cafeína contrae los vasos sanguíneos; sin la dosis habitual, se dilatan.

Entre los dolores de cabeza de envergadura figuran las migrañas, los derivados de la tensión y las jaquecas. Las causas de las migrañas, que suelen concentrarse en un lado de la cabeza y pueden provocar vómitos, son diversas, desde el vino tinto y el alcohol hasta los cambios hormonales mensuales. Al igual que el color del pelo, la propensión a tener migrañas es hereditaria.

Los dolores de cabeza tensionales suelen estar causados por el estrés o por tener el cuello doblado durante demasiado tiempo. Por último, las jaquecas suelen ser fruto de un cambio climático, del alcohol o de determinados alimentos. El dolor se concentra casi siempre en un ojo y los más afectados son los varones, tanto niños como adultos.

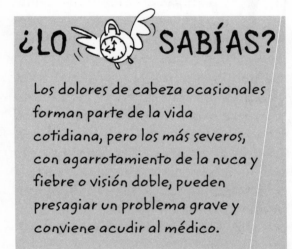

¿LO SABÍAS?

Los dolores de cabeza ocasionales forman parte de la vida cotidiana, pero los más severos, con agarrotamiento de la nuca y fiebre o visión doble, pueden presagiar un problema grave y conviene acudir al médico.

Algunos dolores de cabeza presagian un problema grave.

Ve al médico.

¿Cómo funcionan los músculos y cómo se desarrollan?

Al igual que una momia envuelta en vendas blancas, el esqueleto está revestido de un tejido muscular rojo oculto debajo de la grasa y la piel. Cuanto menor es la capa de grasa que lo recubre, más visible es. (Piensa en el cuerpo de una bailarina muy delgada.) El corazón también es un músculo. El tejido muscular está presente en todos los órganos y vasos sanguíneos.

Para saber qué aspecto tienen los músculos, ve a una carnicería. Un bistec rodeado de una capa de grasa no es sino una rebanada de músculo recubierta por la misma capa de grasa blanca que cubre los tuyos.

¿Cómo actúa un músculo? Cuando quieres doblar el brazo para levantar la bolsa de la compra, un impulso nervioso procedente del cerebro recorre la columna vertebral y continúa hasta el

La Momia Musculitos en la Playa...

¡Fíjate en mí, muchacho! ¡40 kg de músculos!

Con lo estrechos que son los sarcófagos, cualquiera hace pesas...

músculo bíceps, desencadenando la liberación de neurotransmisores en sus fibras, que adquieren volumen, contraen el músculo y levantan el peso. (Cuando las fibras musculares no se relajan y mantienen su volumen se produce un calambre.)

Los músculos también pueden distenderse (para dejar la bolsa) y ejercer una fuerza constante (para sostener la bolsa sin moverla).

¿Cómo se desarrollan los músculos? Si levantas más peso de lo normal, el sistema nervioso «recluta» grupos adicionales de fibras musculares para que aumenten la fuerza del músculo, y cuando lo sueltas, el propio músculo repara los desgarros microscópicos que haya podido sufrir durante el proceso. Sigue levantándolo con regularidad y poco a poco aumentará de volumen. (Curiosamente, es la fase de descenso del peso la que fortalece más los músculos.)

Con una musculatura más fuerte es más fácil hacer las cosas —¡incluso sentarse y tomar notas!—. El ejercicio muscular reduce los dolores corporales, incluyendo la artritis; aumenta la energía y el equilibrio, y los huesos, que están adheridos a los músculos, también se fortalecen y se hacen más gruesos. Con más músculo y menos grasa tendrás un aspecto más esbelto (los músculos ocupan menos espacio que las grasas). Por cada 50 g

de músculo que añades al cuerpo, quemas entre 30 y 50 calorías extra al día, lo que te permite comer lo mismo de siempre sin preocuparte del peso. En el pasado, los científicos creían que el ser humano perdía mucho músculo con la edad, aunque ahora han descubierto que una buena parte de esa pérdida se debe a su inactividad. Para comprobar esta teoría pidieron a diversos ancianos de una residencia, de edades comprendidas entre 86 y 96 años, que trabajaran con pesas tres veces a la semana. Ocho semanas después, su capacidad muscular se había incrementado en un 175 %, además de caminar un 50 % más deprisa.

Si quieres saber qué aspecto tienen los músculos, ve a una carnicería y echa un vistazo a los bistecs rodeados de una capa de grasa.

No hace falta que compres pesas; con tu propio cuerpo tienes más que suficiente. El levantamiento de piernas, extendidas o con las rodillas flexionadas, fortalece el tórax, los tríceps y la espalda (echado boca arriba); la elevación de las rodillas flexionadas, tirando de ellas hacia el tórax (echado boca arriba), tonifica los abdominales; y flexionar las piernas hasta quedar en cuclillas desarrolla los músculos de las extremidades inferiores. En cualquier librería puedes encontrar manuales de estiramientos musculares que puedes practicar en casa.

¿LO SABÍAS?

¡Sorpresa! Los músculos más fuertes del cuerpo no son los bíceps, con los que puedes levantar pesos, o los grandes cuádriceps de la cara anterior del muslo, sino los maseteros, que accionan los maxilares y la dentición para que puedas masticar y desmenuzar los alimentos.

¿Cómo funciona el corazón?

El Rap Cardíaco...

Trabajo duro, duro, bombeando todo el día...

y tú aquí sentado comiendo porquería...

«Estarás más fuerte y vivirás más años.»

¡Haz más ejercicio! ¡Se acabó la freiduría!

Veamos primero algunos datos. El corazón está suspendido en medio del tórax. El corazón de un adulto es como un puño y pesa unos 350 g. A mayor corpulencia, más grande es el corazón. (El de la ballena azul, cetáceo de 30 m de longitud y 100 toneladas de peso, pesa alrededor de 500 kg.)

Tu corazón late a un ritmo aproximado de 72 pulsaciones por minuto (menos si estás en plena forma física; más si eres muy sedentario o muy joven), lo que equivale a casi 38 millones de pulsaciones al año.

Quizá no te parezca nada del otro mundo, pero piensa un poco: el corazón es un músculo, al igual que el bíceps del antebrazo. Intenta levantar un pequeño objeto de un par de kilos flexionando el codo 72 veces por minuto. Te acabará doliendo. Pues eso es exactamente lo que hace tu músculo cardíaco 72 veces por minuto, contraerse y dilatarse, contraerse y dilatarse, aunque a diferencia del bíceps, no se detiene para descansar, es infatigable. ¡Un músculo impresionante!

La función del corazón consiste en

bombear la sangre para que circule por todo el organismo. Con cada impulso muscular, la sangre llega hasta los brazos, las piernas, el cerebro, el hígado, etc., transportando su carga de oxígeno y nutrientes. Mientras estás viendo cómodamente la televisión durante una hora, tu corazón ha bombeado unos 300 litros de sangre por todos los vasos sanguíneos del cuerpo.

¿Cómo funciona? El corazón es un músculo hueco con cuatro cámaras, y el paso de la sangre de una a otra está controlado por cuatro puertas llamadas válvulas cardíacas.

La cámara superior derecha (aurícula derecha) recoge la sangre usada, pobre en oxígeno, procedente de todo el organismo. Luego la vierte en la cámara inferior (ventrículo derecho), el cual la impulsa hacia los pulmones. Allí absorbe el oxígeno fresco del aire que respiramos.

Los pulmones envían la sangre revitalizada de vuelta al corazón, a la cámara superior izquierda (aurícula izquierda), desde donde pasa a la inferior (ventrículo izquierdo) para su bombeo hasta los órganos y tejidos corporales

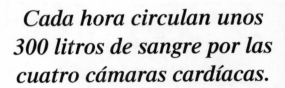

Cada hora circulan unos 300 litros de sangre por las cuatro cámaras cardíacas.

(incluyendo la pared del propio músculo cardíaco).

¿Cómo consigue mantener el corazón su ritmo regular de contracciones? En el músculo cardíaco existe una pequeña zona de células especializadas que funcionan como un marcapasos: generan impulsos eléctricos que hacen latir el corazón al ritmo correcto.

¿Qué significa tener la presión alta?

¿**H**as jugado alguna vez en un jardín con una manguera en verano? Con el grifo cerrado, está blanda y flexible, pero al dar el agua, se pone rígida, y si abres el grifo al máximo parece que vaya a reventar. La diferencia está en la presión del agua.

Los vasos sanguíneos son muy similares a las mangueras, sólo que en lugar de agua, circula sangre. Las grandes arterias se ramifican en una red de casi cien mil arterias diminutas llamadas arteriolas. Al corazón le cuesta bastante bobear la sangre a través de estos va-

sos sanguíneos en miniatura. Cuando la cantidad de sangre es considerable y las arteriolas son más estrechas de lo normal, la presión en las paredes aumenta. (Imagina de nuevo que un vaso sanguíneo es una manguera de jardín; ya no está flexible, se ha hinchado y endurecido.)

Para medir la presión que ejerce la sangre en las paredes de los vasos sanguíneos, los médicos utilizan una almohadilla hinchable que se ajusta al antebrazo. Vamos a suponer que la tuya es de 110/70. La cifra más alta (presión sistólica) es la presión de la sangre cuando el corazón se contrae (late) e impulsa el fluido vital a través de las venas y arterias; la más baja (presión diastólica) es la que ejerce la sangre entre latido y latido.

Los vasos sanguíneos son similares a las mangueras, aunque en lugar de agua circula sangre.

Estos números miden el nivel que alcanza una columna de mercurio en el indicador, una especie de termómetro. El mercurio sube a causa de la presión que ejerce la sangre en la almohadilla hinchada, que aprieta el brazo y los vasos sanguíneos que hay en su interior. Una presión sistólica de 110 significa que el mercurio ha subido hasta 110 mm. Hasta 120/80 se considera normal. La presión alta empieza a partir de 140/90.

¿Qué puede ocurrir si la sangre ejerce una presión excesiva y constante en las paredes de los vasos sanguíneos? Trastornos hepáticos graves; infartos de miocardio, al lesionar las paredes arteriales y obturarlas con colesterol más deprisa; apoplejías a causa de bloqueos o hemorragias arteriales; y aneurismas (estallido de los vasos sanguíneos).

He aquí algunos métodos para reducir el riesgo de tener la presión alta o para bajarla:

- Adelgaza si pesas demasiado. El peso extra produce más sangre y el corazón trabaja más duro, lo que eleva la presión sanguínea.

- Haz ejercicio. La presión sanguínea desciende después de caminar a paso ligero, nadar o ir en bicicleta, y se mantiene así si lo practicas con regularidad.

- Reduce la ingesta de grasa y de sal. Ambas disparan la presión de la sangre en algunas personas. Come más fruta, verduras y alimentos bajos en grasas.

¿Por qué nos quedamos sin aliento al correr?

Sin aliento...

¡AH!
¡AH!

¡buf!

¡buf!

¿Corre para no perder el tren?

¿Está escalando la Torre Eiffel?

¿O intenta alcanzar el mando a distancia?

Sentado, viendo la televisión, puedes respirar 12 veces por minuto, inhalando 2 vasos de aire cada vez, pero si das un paseo a paso ligero, el ritmo aumentará hasta 35 veces por minuto, ¡inhalando 8 vasos en cada inspiración!

Con todo ese aire llenando los pulmones es difícil comprender por qué perdemos el aliento a medida que nos movemos más rápido. No obstante, ten en cuenta que el oxígeno debe disolver-

se en la sangre y ser transportado hasta todo el organismo para tener la sensación de estar respirando con holgura.

Cuando estás sentado, cada uno de los 2 vasos de aire que inspiras suministra suficiente oxígeno a la sangre para que todos los músculos se sientan cómodos —recuerda que están relajados—. Pero al correr, los músculos de las piernas, los más grandes del cuerpo, necesitan una gran carga de oxígeno y de inmediato. Ni siquiera los 8 vasos de aire que inhalas son capaces de suministrárselo.

Para disponer de energía al instante, los músculos usan glicógeno, un combustible azucarado que almacenan. Al escasear el oxígeno, queman esta sustancia, pero sólo parcialmente, dejando un producto residual llamado ácido láctico, que se acumula en las fibras musculares y provoca la típica sensación de pesadez en las piernas, como si fueran de plomo.

Si los músculos no están acostumbrados a correr, serán incapaces de absorber el suficiente oxígeno de la sangre.

Si el corazón no está acostumbrado al ejercicio físico, bombea poca sangre, y si los músculos no están tonificados y avezados a la carrera, absorben poco oxígeno de la sangre. Entonces, el organismo pide más y más oxígeno: ¡empiezas a jadear!

Es probable que hayas alcanzado el ritmo cardíaco máximo, es decir, la velocidad máxima a la que puede latir el corazón bombeando sangre. (En cada latido, el músculo cardíaco se contrae para impulsar la sangre y se dilata para llenarse de nuevo.) El ritmo en estado de reposo oscila entre 60 y 80 pulsaciones por minuto. El ritmo máximo es muy superior.

El ritmo máximo medio es fácil de calcular. Resta tu edad de 220. Así, para un niño de 10 años es de 210 pulsaciones por minuto, y para un adulto de 40 años, de 180. Dicho ritmo cambia a medida que envejecemos, porque tanto el corazón como los demás músculos pierden elasticidad.

Para fortalecerlos a cualquier edad, caminar, hacer *jogging*, ir en bicicleta, bailar, patinar y nadar son actividades muy recomendables. El ejercicio permite al corazón bombear más sangre, aumentando la cantidad de oxígeno que envía al resto de los músculos.

¿Cómo? El trabajo muscular reenvía más sangre al corazón, éste se llena más de lo habitual al contraerse y tiene que impulsar con más fuerza. Esto lo fortalece, al igual que levantar un peso desarrolla los bíceps. Asimismo, el cuerpo crea más vasos sanguíneos a fin de alimentar determinados músculos, como los de los tobillos, la sangre llega antes a su destino y los músculos queman mejor el combustible, generando menos ácido láctico.

Deja que tu ritmo cardíaco alcance el 60 % de su máximo tres o cuatro veces por semana y durante un mínimo de 20 minutos. Pronto serás capaz de subir cuestas terribles... sin jadeos.

¿Cómo actúa el sudor?

El ser humano es una inmensa bolsa de sudor. Comparado con otros mamíferos (perros, gatos, etc.), ganaría el primer premio en cualquier concurso de glándulas sudoríparas. A decir verdad, el individuo medio posee entre 1,5 y 3 millones de glándulas independientes distribuidas a lo largo y ancho de la piel. Un pie, por ejemplo, tiene alrededor de 250.000 orificios minúsculos. (Y te preguntabas por qué te olían los pies.)

Hay dos tipos de glándulas sudoríparas: apocrinas y ecrinas. Las apocrinas son más grandes y están situadas principalmente en las axilas, pero también en el tórax, los oídos y en algún que otro lugar más; las ecrinas están adheridas a los folículos capilares de la piel y segregan un sudor lechoso y blanquecino. El sudor de las apocrinas es el que asociamos con el olor corporal y el que emanan otros animales (un perro sin lavar, por ejemplo). Estas glándulas empiezan a producir sudor en la adolescencia, con las primeras avalanchas hormonales.

Las glándulas ecrinas son más pequeñas, aunque mucho más abundantes —recubren todo el cuerpo—, siendo especialmente numerosas en las palmas de las manos y las plantas de los pies. ¿Qué aspecto tiene una glándula sudorípara? Es como un tubo largo y retorcido que va desde la abertura en la superficie de la piel hasta la dermis, donde se enrosca formando un ovillo.

El sudor que asciende por el tubo es incoloro y está compuesto de agua en un 95 % y de otras sustancias químicas en el 5 % restante. Una de ellas es la sal, que le da su sabor característico, además de la albúmina (una proteína presente en los músculos, la sangre y la clara del huevo), diversos sulfatos (sales del ácido sulfúrico), ácidos grasos, urea (compuesto nitrogenado presente en la orina) y escatol (sustancia intestinal hedionda).

Por término medio tenemos entre 1,5 y 3 millones de glándulas sudoríparas repartidas por la piel.

Con todas estas sustancias, algunas de ellas realmente fétidas, podrías creer haber hallado la respuesta al olor fuerte de algunos tipos de sudor, pero en realidad la segregación de las glándulas apocrinas y ecrinas es prácticamente inodora.

La culpa la tienen las bacterias que viven en la piel y que descomponen el sudor; los productos residuales acumulados son la causa de tan intolerable «fragancia». De ahí que una ducha diaria haga del mundo un lugar más agradable desde una perspectiva olfativa.

¿Cuál es la función del sudor? Al sudar se eliminan algunos residuos orgánicos (sólo algunos). Por otro lado, las palmas de las manos y las plantas de los pies ligeramente húmedas sujetan mejor que si están secas. Y según parece, el olor del sudor de las glándulas apocrinas atrae al sexo opuesto. Con todo, su función principal consiste en evitar el sobrecalentamiento corporal.

Las glándulas sudoríparas entran en acción al recibir las órdenes del hipotálamo, la región del cerebro que regula la temperatura del cuerpo. Cuando el hipotálamo da la señal de alarma a través de los nervios («¡La piel y la sangre están demasiado calientes!»), las glándulas segregan sal, que atrae el

¿LO SABÍAS?

Las glándulas mamarias del ser humano y de los animales no son sino glándulas apocrinas hiperdesarrolladas que segregan leche en lugar de sudor.

agua del interior del organismo hacia la superficie de la piel, reabsorbiendo una parte de dicha sal para su reutilización.

Cuando el aire evapora el sudor, la piel y la sangre que discurre por los minúsculos vasos sanguíneos de la dermis se enfrían. La evaporación de 2 vasos de sudor puede descender la temperatura en cinco grados. Claro que ese espectacular efecto de enfriamiento queda compensado por el calor exterior; de ahí que la temperatura nunca descienda por debajo de lo normal. En los trópicos, un trabajador puede sudar 5 litros en una hora.

¿Adónde van las grasas cuando perdemos peso?

Parece evidente que toda la grasa que perdemos con tantas dietas alimentarias debería ir a parar a alguna parte (¿un regalito para nuestro peor enemigo, quizá?).

Pero lo cierto es que simplemente desaparece. Para comprenderlo, primero tenemos que saber cómo actúa la grasa en el organismo.

En el cuerpo humano casi todo es útil: el corazón bombea sangre de los pies a la cabeza; los pulmones inhalan y exhalan aire; los ojos nos permiten disfrutar de las multicromáticas puestas de sol; con los oídos, percibimos el canto de los pájaros al amanecer; los huesos nos sostienen en pie y dan forma al cuerpo; el cerebro piensa, razona, recuerda y hace funcionar el resto del organismo; y la grasa..., bueno, la grasa parece limitarse a estar ahí...

Aunque en realidad no es así, sino que es tan importante como cualquier otra parte del cuerpo. De hecho, no po-

Grasa de ida y vuelta...

Has perdido 4 kg. Los depositas en el Banco de Grasa. Allí te espera...

... hasta que te hinches a comer al llegar a casa.

Entonces, te devuelven la grasa por transferencia automática y con intereses.

dríamos vivir sin ella. Constituye una especie de tienda portátil que nos nutre cuando el alimento escasea; nos aísla del frío, manteniendo los órganos internos a una temperatura constante; almohadilla los huesos, evitando las fracturas; segrega hormonas y facilita la reproducción.

Cuando perdemos grasa, no va a parar a ningún sitio, sino que una buena parte de ella la queman los músculos.

La grasa es una tienda de comestibles orgánica.

Veamos cómo funciona. Los músculos prefieren usar azúcar como combustible, ya que es más fácil de quemar. El azúcar está en los músculos, en el hígado y en la sangre, aunque aquéllos sólo disponen de unas 750 calorías en combustible de azúcar para consumir de inmediato.

De ahí que recurran a una mezcla de azúcar y grasa, cuya composición varía a tenor del nivel de ejercicio: a menor actividad, mayor porcentaje de grasa quemada. (El máximo porcentaje se quema mientras duermes.) Sin embargo, cuanto más lentos son tus movimientos, menor es la cantidad total de grasa y azúcar quemados (menos de 60 calorías durante una hora de sueño, pero un mínimo de 600 durante una hora de carrera lenta).

El suministro de azúcar orgánico es escaso, aunque bastan 10 kg de grasa corporal para producir casi 100.000 calorías de energía en un organismo hambriento (lo suficiente para sobrevivir varios meses). La grasa corporal ha sido muy útil a la humanidad a lo largo de la historia en los períodos de escasez alimenticia, y lo sigue siendo para millones de personas que viven bajo los constantes efectos del hambre.

¿Qué le ocurre a la grasa quemada? Todo lo que queda del azúcar una vez consumido es agua y dióxido de carbono. Lo mismo le sucede a la grasa quemada en los músculos. No obstante, una parte de ella puede ser procesada por el hígado, donde van a parar los fragmentos parcialmente quemados (quetones).

El dióxido de carbono llega hasta los pulmones a través de la sangre, donde se exhala al aire. (Las plantas lo aprovechan; al quemar grasas estás contribuyendo a hacer de la Tierra un planeta más verde.) El agua la usa el cuerpo o se elimina a través de la respiración, el sudor y la orina. Los quetones pueden viajar desde el hígado hasta el torrente sanguíneo para que, llegado el momento, los músculos y el cerebro los quemen para producir energía, o ir a parar a los riñones. El resultado final siempre es el mismo: dióxido de carbono y agua; la grasa se disipa en el aire.

¿Cuál es la diferencia entre los gemelos univitelinos y bivitelinos?

Identifica a los Gemelos Univitelinos...

Si me has escalado, también lo has escalado a él.

Salvo los árboles, claro.

Esplendor simétrico.

Salvo esa cosa puntiaguda.

¡Volvemos locos a todo el mundo!

¡Incluso a nosotros mismos!

Zipi y Zape

(A) ¿Twin Peaks?   (B) ¿Amantes gemelos? (C) ¿Los gemelos del Tiovivo?   © :ofsəndsəR

Si miras al cielo por la noche, descubrirás la fulgurante evidencia de la remota fascinación del hombre por los gemelos. Sigue las estrellas inferiores de la Osa Mayor y llegarás a la constelación Géminis (Gemelos).

Sus dos estrellas más brillantes, Castor y Pólux, son las «cabezas» de los gemelos. Castor y Pólux eran dos gemelos de la mitología griega y romana, donde se los representaba a caballo, con casco y lanza.

La leyenda siempre ha atribuido hazañas extraordinarias y aventuras asombrosas a los gemelos. En Alemania se cuentan historias del *Doppelgän-*

ger, tu espíritu gemelo fantasmagórico. Según la tradición, si te cruzas con él en la calle, algo malo está a punto de suceder.

¿Por qué son tan fascinantes los gemelos? Tal vez porque son infrecuentes. En general, las madres humanas dan a luz a un solo bebé. (A diferencia de los gatos y los perros, que tienen camadas de dos, cuatro o más crías.) Cuando nacían dos bebés humanos al mismo tiempo, en ocasiones idénticos, la gente solía considerarlo espeluznante.

Hoy en día sabemos cuál es el origen de los gemelos, aunque el hecho de que sean exactamente iguales continúa siendo un misterio.

Los gemelos bivitelinos son los menos enigmáticos. Habitualmente, el organismo femenino libera un óvulo al mes. Pero a veces algunas mujeres liberan más de uno. (Es una tendencia heredada de los padres.) Si los dos óvulos son fecundados por los espermatozoides, se desarrollan dos fetos, y dado que proceden de dos óvulos diferentes y de dos células espermáticas distintas, los bebés son dos seres totalmente independientes. Son hermanos y hermanas que nacen al mismo tiempo, pero su parecido no es mayor que el de cualesquiera otros dos niños de los mismos padres.

Los gemelos univitelinos son más complicados. Se fecunda un solo óvulo

que más tarde se divide y se desarrolla. Pero en algún momento del proceso, el óvulo se escinde en dos, formando dos fetos idénticos. (Se puede escindir en tres, cuatro, cinco, etc.: trillizos, cuatrillizos, quintillizos...) Los gemelos univitelinos son clones naturales.

Los gemelos bivitelinos son hermanos corrientes que por azar nacen al mismo tiempo.

Al crecer, desarrollan algunas diferencias físicas, tanto internas como externas, pero siempre son del mismo sexo, tienen el mismo aspecto, la misma voz y a menudo piensan igual. Incluso a los padres les resulta difícil distinguirlos.

Los científicos han estudiado casos de gemelos univitelinos que fueron separados al nacer y adoptados por diferentes padres. De adultos, sus similitudes son increíbles: les gustan la misma comida, colores, coches y lugares de vacaciones, estudian las mismas carreras universitarias y las parejas con las que se casan son muy parecidas.

¿Qué es lo que confiere el color a los ojos?

A lo largo de la historia y en un sinfín de canciones, poemas y aforismos, los seres humanos han dejado constancia de su pasión y su entusiasmo por el iris, ese diminuto círculo de color que parece flotar en el mar blanco de nuestros ojos.

Su nombre procede del término con el que los romanos llamaban al arco iris, y es que en verdad hay ojos de todos los colores: gris pálido como el cielo nublado, azul como los huevos del petirrojo, verde mar, marrón tierra, cobrizos con pinceladas de gris, castaño con puntitos dorados, negros como una noche sin luna.

El iris es llamativo como un pavo real, y así debe ser, pues es el telón que se abre y se cierra a la luz del mundo. Un telón de músculo situado, a modo de bocadillo, entre la córnea y el cristalino, con un orificio (la pupila) en el centro. Los dos músculos del iris, uno que se dilata y el otro que se contrae, controlan el tamaño de la pupila. Cuando penetramos en una estancia oscura, se ensancha para dejar entrar más luz, y cuando el brillo del sol nos deslumbra, se estrecha hasta convertirse en un puntito diminuto.

Los ojos con muy poco pigmento parecen azules.

El color del iris depende de la cantidad de pigmento —sustancia química colorante— que contiene. El pigmento (melanina), que también da color a la piel, oscila entre el amarillo y el marrón oscuro. Una pequeña cantidad hace que los ojos parezcan azules, y cuanto más espesa sea la capa, su tonalidad irá cambiando desde el color avellana al castaño o negro.

Al nacer, los bebés de piel muy pálida tienen los ojos azules, pudiendo permanecer así u oscurecerse según la cantidad de pigmento que se acumule en el iris durante las semanas siguientes, mientras que los de piel morena suelen nacer con los ojos oscuros.

La mayor o menor pigmentación está controlada genéticamente; la heredamos de nuestros padres. Los genes ordenan cuál debe ser la dosis de melanina que debe fabricar el organismo y depositar en el iris. Según los científicos, existe un gen «interruptor» al que llaman «marrón/azul» en el que el marrón domina sobre el azul.

Los padres de ojos marrones que también posean genes de azul transmiten diferentes combinaciones cromáticas a los ojos de sus hijos. El marrón en ambos padres se traducirá en un bebé de ojos marrones, y el marrón de uno y el azul de otro también produce el mismo resultado, ya que es el color predominante. Para tener los ojos azules, tanto el padre como la madre deben tenerlos de esta tonalidad.

Y ¿qué sucede con los ojos verdes? Existe otro gen interruptor llamado «verde/azul», en el que el verde domina sobre el azul, al igual que el marrón en el «marrón/azul».

Aunque este simple modelo puede ayudarte a comprender el color de los ojos, los científicos afirman que el verdadero proceso es más misterioso y complejo, y que en el tono de los ojos también influyen otros genes desconocidos. Por ejemplo, algunas personas cuyos ojos parecen azules, en realidad llevan el gen del marrón dominante, pero un grupo de genes «modificadores» parecen haber interferido en el proceso de depósito del pigmento; de ahí que nunca lleguen a ser marrones. Eso podría explicar por qué dos padres con los ojos aparentemente azules se llevan la sorpresa de tener un hijo con los ojos marrones.

Un agradecimiento especial

Las autoras desean expresar su agradecimiento a las personas
de todas las edades que, llevadas de su curiosidad, proporcionaron
las estimulantes preguntas que figuran en este libro.

Argelis Alvares
S. Anand
Justin Applewhite
Denise Auer
Ryan Bachmann
Danny Battista
Scott Bernardo
V. Bhuvaneshwaran
Daniel Blake
Sean Bogdahn
Janine Bonacuso
Danielle Canizio
Brooke Causanschi
Winnie Chang
Eva Chrysanthopoulos
Anthony Cinquemant
Shannon Clark
Nilton Claudio Da
    Costa
Gerald Crippen
Jeremy Cruz
Juan Gabriel Cruz
Michael Cummins
David Dale
Kathryn Davies
Alfredo Díaz
Dennis Diond
Álex Domínguez
Eric Joel Dowling
Lauren Epstein
Stephen Albert Ertel, Jr.
Ana Escoboas
Meaghan Fitzgerald
Jason Flores
Peggy Fung
La clase de la señora
    Golden

Kumarie Gopal
Rayon Gordon
La clase de Gregory
    Grambo
Hussain Guru
Kristin Hall
Ana Hernández
Michael Higgiston
Wendy Ho
Tiffany Holland
Christina Hsu
Russell Hyman
La clase de Jerry
    Jaffee
«Jason»
Shawn Jones
John Joseph
Edward Kang
Jonathan Kappel
Katherine Karamalis
H. V. Kavitha
Imran Kazmi
Joe Keegan
Lamia Khan
Lauren Kingston
Ayala Klein
S. U. Rethna Kumar
Brian Kushner
Celeste Labayen
Elizabeth Lackrai
Barry Ladizinski
Jessica Larcy
Andrew Lee
Raya Leefmans
La clase de la señora
    F. Levine
Jodi Levy

Laurence Llamosi
La clase de la señora
    Lufrano
M. Mahesh
Jessica Mahr
Juliana Martino
Stinsey Mathai
Abraham Matthew
Jackie Maura
Sean McGee
Kathy Meenan
Andrew Meny
Keith Miller
La clase de Susan
    Mintz
La clase de la señora
    Moir
Leslie Morris
Lauren Murnane
Chris Neal
Caroline Oakley
Nicholas Owen
Samantha Pazer
Pamela Perea
James Perr
Manuel Pica
Lisa Pierra
Christopher Pomo
Sashikala Prabhu
Stephanie Puczko
Danny Quirk
Vangala S.
    Ramachandran
Deepthi Rao
Justin Ratanaburi
A. Sunil Kumar Reddy
Bhavana Reddy

La clase de Tina
    Reinle
Jorge Reinoza
Cindia Rivera
Earth Science Rockie
Leticia Rodríguez
Ryan Rogers
Alexandra Rosen
Zachary Rubins
Gayle Ruderman
Elizabeth Scholl
La clase de la señora
    Schultheis
Abdool Shadi
Howard Shapiro
Ian Silverman
Samantha Singh
Aimee Smith
J. Smith
M. Someswar
Samuel Spiro
Carrie Stawski
David Sterling
Alyssa Streat
G. Sumana
Michael Tehomilic
Yevgeniya Traps
Andrew Trotta
Tatiana Tubis
I. Uma
R. Sree Vidya
N. Vijay
M. Vikram
Jenae Williams
Keenan Winn
Ian Wittman
Melissa Wong

Colección El niño y su mundo

Juegos

JUEGOS PARA DESARROLLAR LA INTELIGENCIA DEL BEBÉ
SILBERG, J.

288 páginas
Formato: 15,2 x 23 cm. Rústica
El niño y su mundo 1

JUEGOS PARA DESARROLLAR LA INTELIGENCIA DEL NIÑO DE 1 A 2 AÑOS
SILBERG, J.

288 páginas
Formato: 15,2 x 23 cm. Rústica
El niño y su mundo 2

LOS NIÑOS Y LA NATURALEZA
Juegos y actividades para inculcar en los niños el amor y el respeto por el medio ambiente
HAMILTON, L.

200 páginas
Formato: 15,2 x 23 cm. Rústica
El niño y su mundo 6

300 JUEGOS DE 3 MINUTOS
Actividades rápidas y fáciles para estimular el desarrollo y la imaginación de los niños de 2 a 5 años
SILBERG, J.

192 páginas
Formato: 15,2 x 23 cm. Rústica
El niño y su mundo 9

JUEGOS PARA HACER PENSAR A LOS BEBÉS
Actividades sencillas para estimular el desarrollo mental desde los primeros días de vida
SILBERG, J.

144 páginas
Formato: 15,2 x 23 cm. Rústica
El niño y su mundo 11